R. Vogg (Hrsg.): Forschungen in Sahara und Sahel I

STUTTGARTER GEOGRAPHISCHE STUDIEN

Herausgegeben von Wolfgang Meckelein, Christoph Borcherdt und Roland Hahn

Band 106

Forschungen in Sahara und Sahel I

Erste Ergebnisse
der Stuttgarter Geowissenschaftlichen Sahara-Expedition
1984

Herausgegeben von
Reiner Vogg

Durchführung und wissenschaftliche Auswertung der "Stuttgarter Geowissenschaftlichen Sahara-Expedition 1984" wurde dankenswerterweise durch folgende Institutionen finanziell unterstützt:

Gesellschaft für Erd- und Völkerkunde zu Stuttgart e.V.
Universität Stuttgart
Vereinigung von Freunden der Universität Stuttgart e.V.
Deutsche Forschungsgemeinschaft, Bonn
Robert Bosch GmbH, Stuttgart
Daimler-Benz AG, Stuttgart
Stiftung Volkswagenwerk, Hannover

ISSN 0343-7906
ISBN 3-88028-106-8

Redaktion und Herstellungsleitung: Jürgen Hagel
Druck: Gulde-Druck GmbH, Hagellocher Weg 63, D-7400 Tübingen

Wolfgang Meckelein

Prof. Dr. phil.

von den Teilnehmern

der Stuttgarter Geowissenschaftlichen

Sahara-Expedition 1984

gewidmet

Inhaltsverzeichnis

Vorwort: Wolfgang Meckelein zum Geleit

Einführung

Müller, W.A.:	Micrometeorological Survey on Energy Balance and Eolian Conditions near Ground in the Western Sahara	17
Götz, E.:	Zur Biologie einiger häufiger Saharapflanzen	49
Wehmeier, E. & R. Vogg:	Geomorphologische Playatypen in Radar (SIR-A)- und Landsat(MSS)-Aufnahmen (Sebkhet Sidi El Hani, Tunesien und Chott Merouane, Algerien)	117
Mainguet, M. & M.-C. Chemin:	Images satéllites et mésures de terrain pour une approche quantitative des systèmes dunaires du Grand Erg Oriental. Rélation avec l'ensablement des oasis périphériques	145
Besler, H.:	Äolische Dynamik am Rande der Sahara	161
Vogg, R.:	Die Böden des saharo-sahelischen Nordens der Republik Mali	225
Spengler, A.:	Desertifikationserscheinungen und kulturgeographische Auswirkungen der letzten Dürreperiode in Nordmali	249

Wolfgang Meckelein

zum Geleit

30 Jahre seit Durchführung der ersten deutschen Sahara-Expedition (Gesellschaft für Erdkunde zu Berlin) nach dem Kriege, 10 Jahre seit der Gründung der unter seiner Führung inzwischen zu internationalem Ansehen gelangten Arbeitsgruppe Wüstenforschung und 25 Jahre Wüstenforschung am Geographischen Institut der Universität Stuttgart waren vergangen, als im Winter/Frühjahr 1984 die interdisziplinäre Stuttgarter Geowissenschaftliche Sahara-Expedition (SGS 84) unter der Leitung von Wolfgang Meckelein durchgeführt wurde.

Getragen von seinem unermüdlich wirkenden Geiste, von seinem intensiven wissenschaftlichen Engagement sowie von seiner jahrzehntelangen Erfahrung, hat er mit 65 Jahren die großen physischen Strapazen dieses risikoreichen Unternehmens auf sich genommen und die erneute wissenschaftliche Herausforderung nicht nur angenommen, sondern diese mit bewunderungswürdigem Elan, Bravour und großem Erfolg gemeistert.

Die ersten Ergebnisse dieser Expedition liegen nun vor.

Teilnehmer der SGS 84 - Freunde, Schüler, Mitglieder der Arbeitsgruppe Wüstenforschung und Kollegen zugleich - haben Ergebnisse ihrer Untersuchungen in Sahara und Sahel erarbeitet und zusammengefaßt.

In Anerkennung der herausragenden Leistungen bei der Organisation und der Durchführung s e i n e r Stuttgarter Geowissenschaftlichen Sahara-Expedition 1984, in Verehrung und Würdigung seiner Verdienste um die geomorphologisch-geoökologischen Forschungen in den Trockengebieten der Erde generell und in Fortführung der Tradition der Wüstenforschung am Geographischen Institut, werden die Ergebnisse in Form dieses Bandes Wolfgang Meckelein anläßlich seiner Emeritierung von Freunden, Schülern und Kollegen gewidmet.

Den Herausgebern der Stuttgarter Geographischen Studien sei für die Aufnahme des Bandes in die Schriftenreihe des Instituts gedankt.

Die engagierte, reibungslose Zusammenarbeit aller - Autoren, Redaktion (J. Hagel, M. Alex), Kartographie, studentische Hilfskräfte (G. Smiatek, J. Frank, M. Stumpp) sowie Schreibbüro Karin Abel, 7000 Stuttgart 1 - war die Grundlage für termingerechte Fertigstellung und Erscheinen dieses Bandes. Allen Beteiligten gilt herzlichen Dank.

Stuttgart, 31.3.1987   Reiner Vogg

Einführung

Die seit dem Jahre 1974 am Geographischen Institut der Universität Stuttgart bestehende Arbeitsgruppe Wüstenforschung hat in Fortführung der Tradition geomorphologischer und geoökologischer Trockengebietsforschung im Zeitraum vom 7.2. - 23.4.1984 unter der Gesamtleitung von Prof. Dr. W. Meckelein die interdisziplinäre Stuttgarter Geowissenschaftliche Sahara-Expedition 1984 (SGS 84) durchgeführt.

Ein physisch-geographisches Nord-Süd-Profil durch die westliche Sahara (Algerien) und den angrenzenden Sahel (Nordost-Mali und Republik Niger) - vgl. Fig. 1 - war Grundlage für verschiedene wissenschaftliche Fragestellungen, denen Wissenschaftler und Studenten der Universitäten Stuttgart und Hohenheim nachgingen:

1. Entsprechend des in Nord-Süd-Richtung vorgegebenen signifikanten Klimagradienten sollten mittels Beobachtungen, Messungen und Untersuchungen zum Klima (Mikroklima), zur Wirksamkeit geomorphologischer Prozesse, zur Verwitterung, zur Verbreitung von Boden und Vegetation, zur Hydrogeographie typischer Landschaftsformen geprüft werden, inwieweit die verschiedenen Geokomponenten mit zunehmender/abnehmender Aridität Veränderungen jeweiliger Geofaktoren bewirken.

2. Im Übergangsbereich zwischen Südsahara und Nordsahel standen Fragestellungen zur Ausdehnung des Grenzsaumes im Spiegel quartärer Klimaschwankungen im Mittelpunkt des wissenschaftlichen Interesses: Der Nachweis des Wechsels von Phasen morphodynamischer Stabilität - verbunden mit Bodenbildung, Verbreitung von Vegetation und limnischen Ablagerungen - und solchen morphodynamischer Aktivität, verbunden mit Dünenbildung, Abtragung und Zerschneidung prä-existenter Relieformen.

3. Im Rahmen eines weiteren Themenkomplexes wurde der Frage nachgegangen, inwieweit Desertifikationsprozesse zum einen in das labile geoökologische Gleichgewicht eingreifen und damit die Grundlagen des Naturraumpotentials des Sahels der Republik Mali verändern und zum anderen verschiedene sozioökonomische Konsequenzen ausgelöst haben.

Die Realisierung der Stuttgarter Geowissenschaftlichen Sahara-Expedition 1984 (SGS 84) in Organisation und Konzeption war nur durch die großzügige finanzielle Unterstützung zahlreicher Institutionen und Firmen möglich: Gesellschaft für Erd- und Völkerkunde zu Stuttgart e.V., Universität Stuttgart, Universität Hohenheim, Vereinigung von Freunden der Universität Stuttgart e.V., Deutsche Forschungsgemeinschaft Bonn, Daimler-Benz AG, Robert Bosch GmbH.

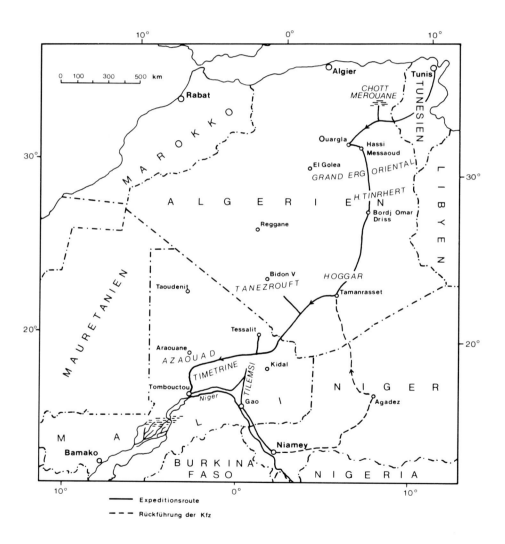

Fig. 1: Übersichtsskizze zur Expeditionsroute

An der interdisziplinären Stuttgarter Geowissenschaftlichen Sahara-Expedition 1984 nahmen sieben Wissenschaftler und vier Studenten unterschiedlicher Fachrichtungen der Universitäten Stuttgart und Hohenheim teil:

Geographie (und speziell zonale phys. Geogr.):	Prof. Dr. Wolfgang Meckelein, Geographisches Institut der Universität Stuttgart (Gesamtleitung)
Geomorphologie:	Prof. Dr. Helga Besler, Geographisches Institut der Universität Stuttgart, z. Z. Geographisches Institut der Universität Köln
Erg-Morphologie:	Prof. Dr. Monique Mainguet, Université de Reims/France, z. Z. Desertification P.A.C., U.N.E.P., Nairobi (Kenia)
Klimatologie:	Prof. Dr. Walter A. Müller, Institut für Landeskultur und Pflanzenökologie der Universität Hohenheim
Botanik:	Priv.-Doz. Dr. Erich Götz, Institut für Botanik der Universität Hohenheim
Bodengeographie:	Dr. Reiner Vogg, Geographisches Institut der Universität Stuttgart; stud. geogr. Ralph Erfort, Geographisches Institut der Universität Stuttgart
Hydrogeographie:	Dr. Eckhard Wehmeier, Geographisches Institut der Universität Stuttgart; stud. geogr. Marc Reinhold, Geographisches Institut der Universität Stuttgart
Geologie:	cand. geol. Ingo Pfänder, Institut für Geologie und Paläontologie der Universität Stuttgart
Desertifikation:	cand. geogr. Andreas Spengler, Geographisches Institut der Universität Stuttgart.

Im Rahmen der obengenannten Zielsetzung und Konzeption der Expedition wurden entlang der Route folgende Großlandschaften gequert bzw. tangiert (vgl. Fig. 1): Grand Erg Oriental, Chott Merouane, Hammada de Tinrhert, Hoggar, Tanezrouft, Adrar des Iforas, Vallée de Tilemsi, Timétrine, Azaouad, Nigertal im Sahel von Gao bis Niamey.

Entsprechend ihres Aufgabenbereiches stellen die Teilnehmer mit den Beiträgen im vorliegenden Band erste Ergebnisse der Expedition vor: Entweder beziehen sich diese auf Messungen und Untersuchungen ausgewählter Standorte entlang der Expeditionsroute (Müller, Götz) oder aber es werden Ergebnisse spezieller Fragestellungen regionaler Arbeitsschwerpunkte sowohl vom Nordrand (Mainguet & Chemin, Besler, Wehmeier & Vogg) als auch vom Südrand der Sahara mit Übergang zum Sahel (Besler, Vogg, Spengler) vorgestellt.

So zeigt W. A. Müller an ausgewählten Standorten der westlichen Sahara Ergebnisse mikrometeorologischer Messungen und daraus abgeleitete Größen auf und prüft diese hinsichtlich ihrer Eignung als mikroklimatische Zeiger.

E. Götz diskutiert in seinem Beitrag, inwieweit die artenarme Flora der westlichen Sahara generelle Aussagen bezüglich Verbreitung und Zugehörigkeit zu verschiedenen Vegetationstypen erlaubt. Aufschlüsse über die Anpassung häufig vorkommender Arten an das aride Milieu geben die eindrucksvollen Zeichnungen zu Morphologie und Anatomie diverser Pflanzen.

Stark methodisch ausgerichtet ist der Beitrag von E. Wehmeier & R. Vogg. An Beispielen verschiedener, am äußersten Nordrand gelegenen Schotts werden Möglichkeiten und Grenzen des Einsatzes von Radar(SIR-A)- und Landsat(MSS)- Aufnahmen für geomorphologische Interpretation und einer Typisierung der Playas gegeneinander aufgewogen und bewertet.

Ebenfalls vom Nordrand der Sahara berichten M. Mainguet & M.-C. Chemin, indem sie die Bedeutung sekundärer Windrichtungen für die Differenzierung des Grand Erg Oriental unterstreichen - einer bei vorwiegend antizyklonaler Windbewegung dynamisch-funktionellen Einheit. Außerdem werden aus der Korngrößenverteilung verschiedener Dünentypen Rückschlüsse auf deren Mobilität gezogen.

Thematisch damit eng verbunden ist H. Beslers Beitrag über die äolische Morphodynamik: Ergebnisse werden dabei sowohl vom Nordrand als auch vom Südrand der Sahara sowie aus dem Bereich der "Höhengrenze" im Hoggar vorgestellt. Interessant erscheint zum einen das für die Entstehung der Draas (im Grand Erg Oriental) entwickelte Modell, zum anderen die Unterscheidung von fünf Dünengenerationen mit zwischengeschalteten Wasserumlagerungen in Nord- mali.

Mit dem Aufbau der Bodendecke im saharisch-sahelisch geprägten Norden der

Republik Mali setzt sich R. Vogg auseinander. Von Interesse scheinen die Ausführungen bezüglich der nur bedingt nachvollziehbaren Korrelation bzw. die Diskrepanz zwischen Verbreitung der Böden und dem in S-N-Richtung übergeordneten Klimagradienten zunehmender Aridität zu sein. Vielmehr muß das kleinräumig differenzierte Verbreitungsmuster der Böden in direkter Abhängigkeit der Geofaktoren Ausgangsgestein, Georelief und Wasserhaushalt gesehen werden.

Im letzten Beitrag berichtet A. Spengler entlang der Expeditionsroute über Beobachtungen zu Desertifikationserscheinungen im labilen sahelischen Geoökosystem sowie über sozioökonomische Auswirkungen der letzten Dürreperiode.

In einem zweiten Band werden von W. Meckelein und weiteren Autoren abschließende Ergebnisse, u. a. zur zonalen Geographie (Landschaftseinheiten als aride Geosysteme), zum Problem der Schwankung der Südgrenze der Sahara und Schlußfolgerungen daraus für eine angepaßte Strategie zur optimalen wirtschaftlichen Nutzung der Sahelzone vorgelegt werden.

Reiner Vogg

Forschungen in Sahara und Sahel I, hrsg. von R. Vogg
Stuttgarter Geographische Studien, Bd. 106, 1987

MICROMETEOROLOGICAL SURVEY ON ENERGY BALANCE
AND EOLIAN CONDITIONS NEAR GROUND IN THE WESTERN SAHARA
by Walter A. Müller

Zusammenfassung: Mikrometeorologische Untersuchungen zur Energiebilanz und zu den äolischen Bedingungen im bodennahen Bereich in der Westlichen Sahara

Mikrometeorologische Messungen (Komponenten der Strahlungsbilanz, der Temperatur der Luft, des Bodens und von Oberflächen, Wind) und abgeleitete Größen (Albedo, das Bowen's Verhältnis "β", Luftfeuchte, Rauhigkeitsparameter Z_0 usf.) - an ausgewählten Standorten der Sahara im Februar und März 1984 gewonnen - werden vorgelegt. "β", "Z_0" und die vertikalen Temperatur- und Feuchte-Gradienten sind brauchbare mikroklimatische Zeiger. Selbst sporadische Vegetation beeinflußt den bodennahen Windvektor.

Summary: Micrometeorological measurements (components of the radiation balance, temperature of air, soil, surfaces, wind) and derived values (albedo, Bowen's ratio "β", humidity of the air, roughness parameter "Z_0" a.s.o.), obtained at selected sites of the Sahara during February and March 1984, are presented. "β", "Z_0" and vertical temperature- and moisture-gradients are valid microclimatic indicators. Even scarce vegetation influences the surface-near wind vector.

Résumé: Etudes micrométéorologiques sur le bilan énergétique et les conditions éoliennes à ras du sol au Sahara Occidental

On a éfectué des mèsures micrométéorologiques (composants du bilan radiatif, température de l'air, du sol, des surfaces différentes, vent) ainsi que de valeurs déduites (l'albédo, le rapport Bowen "β", vapeur d'eau, paramètre de rugosité "Z_0" etc.) dans quelques sites choisies au Sahara au cours de la période Février - Mars 1984. Les valeurs de "β", "Z_0" et les gradients verticaux de la température et du contenu en vapeur d'eau dans l'air se révèlent comme indicateurs micrométéorologiques utiles. La végétation - même sporadique - influence le vecteur du vent près du sol.

1. Introduction

The purpose of the micrometeorological measurements during the Geoscientific expedition of the two Universities of the Stuttgart area, early in 1984, was as follows: Characterization of distinct sites in the Western Sahara from North to South concerning the micrometeorological parameters for a better understanding of the spatial climatic transition, especially on the southern edge of the desert. The interpretation of satellite pictures is facilitated by reliable meteorological ground measurements of homogenious surfaces. A premise of an understanding of the wind erosion conditions of desert soil is the knowledge about stability conditions of air layers close to the ground. Times and locations of measuring sites (in general: discrete values or totals of hourly values between 07^h and 20^h local time) are indicated in table 1.

Table 1: Sites and dates of measurements

no	location	days of measures	lat.	long.	altitude m
"1"	Hassi Messaoud/ Bel Guebbour	17.02.84 18.02.84 19.02.84	28°34'N	6°33'E	100
"2"	Tamanrasset	24.02.84 28.02.84	22°47'N	5°31'E	1390
"2a"	Assekrem	25.02.84 26.02.84	22°55'N	5°25'E	2630
"3"	eastern Tanezrouft "Serir"	03.03.84	22°10'N	2°40'E	420
"4"	North of Tessalit large Wadi	08.03.84	20°12'N	0°59'E	495
"5"	dune area: west of Asler	12.03.84	18°45'N	0°11'W	380
"6"	North of Tombouctou	15.03.84 16.03.84	17°35'N	3°06'W	285
"7"	nearby to Ansongo	27.03.84 28.03.84	15°53'N	0°19'E	255

The mobile instruments employed - calibrated before and after the expedition - were:

element	determined by: (m = directly measured; t = totalized)
air temperatures	Assmann aspiration psychrometer (m)
surface temperature	resistance contact digital thermometer (m)
soil temperatures	resistance contact digital thermometer (m)
water content of the air	Assmann aspiration psychrometer (m)
global radiation	Kipp and Zonen pyranometer (m)
albedo	Kipp and Zonen pyranometer (m)
direct, diffuse radiation	Kipp and Zonen pyranometer (m) (adding a shadowing plate)
radiation balance	Schenk-radiation-balancemeter (m)
wind speed	anemototalisators (t)
turbidity	sun photometer with 3 filters (m) type EKO
potential sunshine duration	horizontoscope after TONNE (t)

The anemototalisators were mounted on a pole, h = 5 m at 3 different heights.

2. Energy Balance Measurements

2.1 Basic methodological remarks

Owing to the equipment, regular (day-time) direct measurements (underlined) of the main components of the heat balance were possible:

$\underline{RB} = H + L + (S)$ with

$\underline{RB} = (\underline{a}\ I + \underline{D}) - (\epsilon\sigma T^4 - E)$ $|J\ cm^{-2}\ min^{-1}|$ (Goering, 1958).

The meaning of the letters is:

RB: Net radiation (short and long wave radiation) $|J\ cm^{-2}\ min^{-1}|$

a: absorption coefficient $a = (1 - \alpha)$ with α = global short wave albedo

J: direct (solar) radiation $|J\ cm^{-2}\ min^{-1}|$

D: diffuse radiation $|J\ cm^{-2}\ min^{-1}|$

$(I + D)$ = G total (or global) radiation $|J\ cm^{-2}\ min^{-1}|$

ϵ = emission constant

σ = Stefan Boltzmann constant = $3.40 \cdot 10^{-10}\ |J\ cm^{-2}\ K^{-4}\ min^{-1}|$

T: real surface temperature $|K|$

E: (long wave) downward atmospheric radiation $|J\ cm^{-2}\ min^{-1}|$

H = sensible heat $|J\ cm^{-2}\ min^{-1}|$

L = latent heat $|J\ cm^{-2}\ min^{-1}|$

S = heat transfer to or from the soil $|J\ cm^{-2}\ min^{-1}|$

where $H = c_p \cdot \dfrac{\delta \vartheta}{\delta z} \cdot A_{z_H}$ *) $= c_p \cdot \dfrac{\Delta t}{\Delta z} A_{z_H}$ and

$L = r_w \cdot \dfrac{\delta q}{\delta z} \cdot A_{z_L} = r_w \cdot \dfrac{\Delta e}{\Delta z} A_{z_L}$ *) by supposing $q = r(e)$.**)

$(\epsilon \sigma T^4 - e)$ can be obtained by knowledge of RB and a(J+D). E is known by measureing the surface temperature.

L, very important, the heat supply for evapotranspiration, can be derived from the Bowen's ratio

$$\beta = \frac{H}{L} = \frac{c_p \cdot \Delta t}{r_w \cdot \Delta e}$$

under the assumption of the validity of the famous MONON-OBUCHOW conditions (Goering, 1958). In this case, the similarity assumption between A_{z_L} and A_{z_H} is used.

Under these assumptions one can write:

$\dfrac{RB + S}{H} = \dfrac{(H + L)}{H}$ or: $\dfrac{RB + S}{-1 + \dfrac{L}{H}} = H$

$\dfrac{(RB + S)}{L} = \dfrac{(H + L)}{L}$ or: $\dfrac{(RB + S)}{-\dfrac{H}{L} + 1} = L$

---

*) ϑ = potential temperature $A_{z_{L,H}}$ = vertical component of the exchange coefficient for L and H, respectively

**) q = specific humidity of the air; q can be replaced by vapour pressure in hPa, by $q = \dfrac{0.622}{p} e$ with p = air pressure in hPa

If either H or L is known, β ("Bowen's ratio") is known and can be computed. The fact that the terms of this balance equation are rarely measured twice on hourly base, esp. under desert conditions, seems to justify a graphical presentation. So the limitation of this procedure under some specific desert conditions (noon) is evident: The extremely small gradient of the small humidity content near the desert surface leads to β-values $\gg 0$, even $\rightarrow \infty$ and therefore to L$\rightarrow$0. There are occasions when the whole energy-supply by the sun (net radiation or "radiation balance") is used exclusively for heating the air (H) and, to a minor degree, the soils (S).

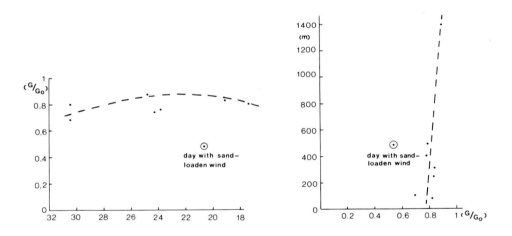

Fig. 1: Latitude dependence of the relative global radiation G/G_o (definition: see text)

Fig. 2: Altitude function of the relative global radiation G/G_o (values of fig. 1)

2.2 Components of the Energy Balance Equation

The ϑ components, measured during the north-south traverse of the Western Sahara at selected sites during the months February and March 1984 were: net radiation, convective and latent heat, soil-heat flux and soil temperatures.

2.2.1 Net radiation (RB)

Besides the direct measurement of RB also global radiation (G) and albedo were measured frequently (nearly hourly). Further the components of G (direct solar radiation: I, and diffuse, scattered radiation: D) are measured by shadowing in short time intervals. The ratio of the diffuse radiation on G is indicated, too (fig. 3). All values of I, D, G, RB are given in $J\ cm^{-2}\ min^{-1}$ units, if indicated as discrete values at full hour; if communicated, as daily totals: in $J\ cm^{-2}\ d^{-1}$. This is valid also for G_o, that is radiation outside the atmosphere at the given latitude and the corresponding day. G/G_o is the ratio of radiation (daily total) reaching the surface. The numbers refer to the indicated sites of measurements (see table 1).

Table 2 shows the daily totals of global radiation (G) and net radiation (RB).

Table 2: G- and RB-values (daily totals)
(the sites are numbered; see list of positions table 1)

	site: "1"		"2"		"3"			
time	17.2.84		19.2.84		28.2.84		3.3.84	
(solar time)	G	RB	G	RB	G	RB	G	RB
$00-24^h$:	2132	+517	1836	+208	2665	+726	2517	+352
$00-24^h\ G/G_o$	0.79		0.68		0.88		0.77	
	site: "4"		"5"		"6"		"7"	
time	8.3.84		12.3.84		16.3.84		28.3.84	
(solar time)	G	RB	G	RB	G	RB	G	RB
$00-24^h$:	3345	+962	3430	+446	3515	+882	3600	+592
$00-24^h\ G/G_o$	0.79		0.52		0.82		0.81	

The G/G_o ratio on clear conditions, during the N → S cross section, is shown in fig. 1, as an "altitude-function" in fig. 2. The relative stability (near to 0.80 in Fig. 1) is due to almost similar absorbing conditions of the atmosphere (north of the ITCZ at all sites). The altitude is without major influcence, due to dry air and - expect in case "5" - small particle content of the air. Nevertheless, global radiation was reduced to 63 % of the value which was to be expected at site "5" at the given day under sand-free conditions.

Global albedo is characterized by the well-known (Kondratyev, 1969) daily variation (minima: around astronomical midday) in Western Africa, too, but very regular, due to the prevailing cloudless or clear-sky conditions. At the same location, the natural surfaces of sandy soil varied between 33 and 45 % (17.02.84) and between 28 and 44 % (19.02.84) at site "1" close to Hassi Messaoud/Bel Guebbour. With cloudy conditions (diffuse percentage on the global radiation up to 84 %) the albedo of sandy surfaces decreased from about 10 % in the global albedo. Smooth surfaces were characterized by about 5 % higher values than rough surfaces of the same nature. Wet surfaces of these desert soils absorbed about 2 to 3 % more than dry surfaces. At site "2" mean albedo values of dry smooth sandy soils varied from 34 to 35 %, of tuffs near to 29 % (noon values, clear sky). Stones were characterized by about the same daily mean values, but by a higher daily amplitude of albedo than smooth surfaces. The following characteristics of albedo (α) were found (see table 3).

Roughly, the daily means of sandy surface albedos oscillate between 0.35 and 0.43, except on the dust storm day (0.51). The percentage of diffuse radiation on the global radiation during cloudless midday conditions variates from 9 to 17 % (table 4).

The long wave net radiation can be obtained by the (measured) surface temperature and a realistic assumption of a mean emissivity value (averaged in the long wave spectrum). ϵ is assumed to be 0.75. The atmospheric radiation GS (1 - r) is then easily obtained by (RB - aG), measured, and $\epsilon \sigma T^4$. Thus (RB - aG) = $-\epsilon \sigma T^4$ - GS (1 - r) with r = long-wave reflection value. So the hourly values - during day-time hours - could be derived. The values during the night hours have been obtained by graphical interpolation - justified, due to clear sky conditions and the first measurement nearly at sunrise.

Further it was possible to interpolate, in general directly - the times of equilibrium of the net radiation (RB = 0 - time) - see table 5.

As in other locations too, net radiation becomes positive - about 1 hour after sunrise and 30 to 60 minutes before sunset. Short periode of RB$\geq$0 during night-time are good indicators for inhibited longwave radiation of the surface.

Hourly measured samples of radiation balance, albedo temperature and humidity gradient within the air and soil-temperatures have been used to interpolate

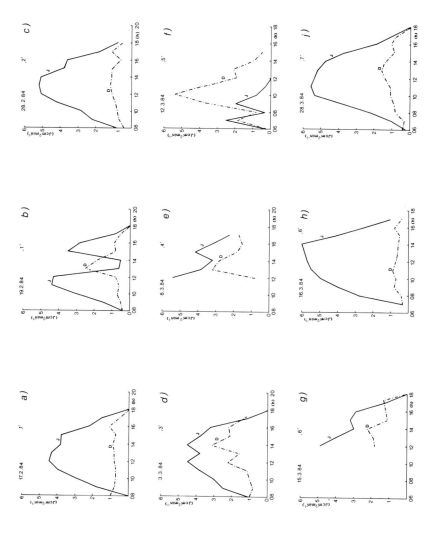

Fig. 3: Ratio of the diffuse radiation on G

Table 3: Daily extremes (m,M) noon value (12^h) mean during day time hours ($\bar{m}$) of albedo at selected sites

site	day	hours	surface	m	M	12^h	$\bar{m}$
"1"	17.2.84	08-16	smooth, sandy	0.26	0.57	0.42	0.40
			rocky	0.25	0.45	0.39	0.36
			light	0.24	0.52	0.39	-
			dark	0.19	0.37	0.37	-
			dry	0.40	0.44	0.41	0.41
			humid	0.38	0.43	0.38	-
"1"	19.2.84	09-17	smooth, sandy	0.33	0.57	0.33	0.42
			rocky, rough	0.32	0.48	0.34	0.37
			light	0.25	0.52	0.39	0.37
			dark	0.29	0.40	0.28	0.32
"2"	28.2.84	08-18	smooth, sandy	0.32	0.46	0.33	0.35
			rocky	(0.34)	0.38	-	-
"2a"	24.2.84	11-16	sandy	-	-	0.30	-
			tuff	-	-	0.27	0.26
			rocky	-	-	-	-
"3"	3.3.84	09-17	sandy-rough	0.32	0.38	0.37	0.35
			rocky	0.31	0.37	0.35	0.33
"4"	8.3.84	10-16	sandy (leaflet-structure)	0.31	0.47	0.43	0.41
"5"	12.3.84	07-15		0.37	0.74*)	0.74*)	0.51
"6"	15. and 16.3.84	08-18	sandy (litter)	0.34	0.51	0.41	0.43
			Panicum (scarcy)	0.33	0.47	0.34	0.39
			Salvadora persica	0.71	1.29	1.29	0.93**)
"7"	28.3.84	08-18	sandy (litter, straw)	0.33	0.47	0.33	0.39

*) dust storm
**) below the crown, 11-13^h

Table 4: albedos

time (solar time)	"1" 17.2.84					"1" 19.2.84			
	rocky	smooth wet	dark	light		rocky	sandy	dark	light
08	0.404	0.459	-	-	-	-	-	-	-
09	-	-	-	-	-	0.367	0.428	0.355	0.314
10	0.365	0.305	-	-	-	0.348	0.420	0.307	0.294
11	0.354	0.403	0.383	-	-	0.340	0.373	0.301	0.359
12	0.389	0.415	0.402	0.366	0.389	0.339	0.434	0.276	0.386
13	0.400	0.440	0.430	0.347	0.360	0.347	0.421	0.322	0.400
14	0.247	0.259	-	0.193	0.241	0.344	0.333	0.292	0.250
15	0.309	0.365	-	0.294	0.325	0.326	0.389	0.327	0.377
16	0.440	0.570	-	0.320	0.520	0.484	0.566	0.403	0.515
17	-	-	-	-	-	0.446	0.457	0.336	0.438

	"2" 28.2.84			"2a" 24.2.82		"3"	
	rocky	extremely smooth	sandy "representative"	sandy	tuff	rocky	sandy
08	-	-	0.320	-	-	-	-
09	-	-	(0.430)	-	-	-	0.380
10	0.382	-	0.365	-	-	-	0.317
11	0.356	0.462	0.348	0.267	0.286	0.366	0.350
12	-	-	0.333	-	-	0.348	0.369
13	-	-	0.347	0.273	-	0.314	0.359
14	-	-	0.329	-	-	0.308	0.350
15	-	-	0.348	0.248	-	0.335	0.310
16	-	-	0.360	-	-	-	(0.332)
17	-	-	0.419	-	-	-	0.329
18	-	-	-	-	-	-	0.360

	"4" 8.3.84	"5" 12.3.84		"6" 16.3.84		"7" 28.3.84
	sandy	sandy	sandy	Panicum	salv. persica*)	sandy (litter)
07	-	0.428	0.461	0.375	-	0.391
08	-	0.418	0.342	0.328	-	0.452
09	-	0.444	0.424	0.399	-	0.394
10	0.314	0.373	0.513	0.467	0.711	0.356
11	0.434	0.459	0.465	0.436	0.788	0.341
12	0.426	0.743	0.413	0.339	(1.290)	0.332
13	0.472	-	(0.392	0.395)	-	0.352
14	0.466	0.619	0.392	0.395	-	0.340
15	0.384	0.625	0.431	0.367	-	(0.393)
16	0.400	-	0.410	0.400	-	0.438
17	-	-	0.492	0.442	-	0.380

*) below the crown of this tree

Table 5: RB - equilibrium-times (local time)

location	date	RB-zero	RB-zero	duration day	RB > 0
Hassi Messaoud	17.2.84	07^h40	17^h40	11^h17	10^h00
Hassi bel Guebbour	19.2.84	08^h15	17^h15	11^h20	09^h00
Tamanrasset	28.2.84	07^h20	18^h15	11^h43	10^h55
Tanezrouft	03.3.84	08^h30	18^h15	11^h49	09^h45
Tessalit	08.3.84	07^h30	17^h20	11^h54	09^h50
north of Tombouctou	15.3.84	-	17^h15	-	-
	16.3.84	07^h00	16^h30	12^h00	09^h30
close to Ansongo	28.3.84	06^h40	17^h15	12^h14	10^h35

daily variations of the components of radiation balance (fig. 4) and energy balance (fig. 6).

The derived daily totals of the terms of fig. 4 at the selected sites were:

location no	date (1984)	aG	$\epsilon\sigma T^4$	GS (1-r)	RB $|J\ cm^{-2}\ d^{-1}|$
1	17.02.	1353	- 2362	1526	517
1	19.02.	1173	- 2376	1411	208
2	28.02.	1618	- 2966	2074	726
3	03.03.	1687	- 2946	1620	352
4	08.03.	1908	- 3094	2148	962
5	12.03.	936	- 3082	2592	446
6	16.03.	1630	- 3102	2354	882
7	28.03.	1930	- 3499	2160	592

2.2.2 Convective and latent heat

It was intended to use the Bowen's ratio β as a "microclimatic indicator", characterizing the variation of the components of the energy balance during the North-South traverse. The vertical gradients of air temperature and vapour pressure must be not t o o small and relatively stable in time. The daily variations of β are very significant (fig. 5): at sunrise, there is an important increase from small or even negative values to extremely positive values before midday (evaporation $\rightarrow$ 0). It is typical that during the hottest time of the day β becomes oscillating or "incertain" (turbulence, no gradient of vapour or incertain gradient due to extremely small values of water vapour).

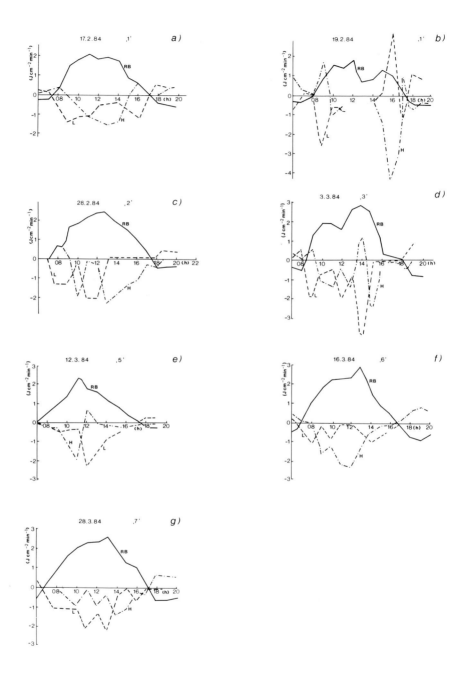

Fig. 4: Daily variations of the components of radiation balance

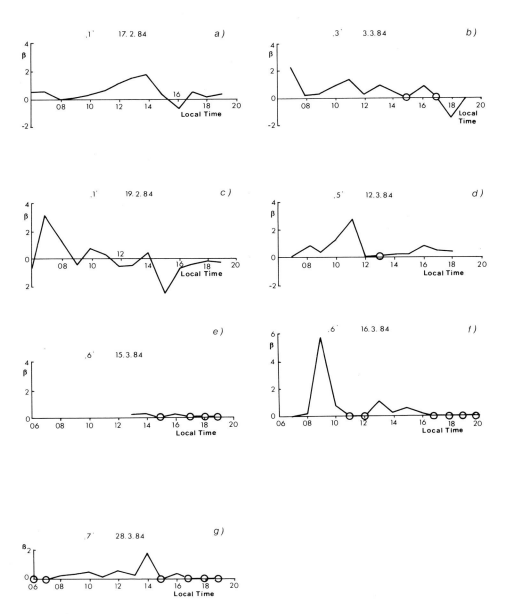

Fig. 5: Daily variation of the Bowen's ratio β at selected sites (obtained from temperature and specific humidity profiles between surface and 200 cm above ground)

Just before sunset the surface of the soil cools down and favours conditions of small evaporation-tendency. Also the β-values between 5 cm and 200 cm above surface have been calculated and compared with the simultaneously measured Bowen's ratio between 100 and 200 cm. The very poor relationship is demonstrated by the rather irregular and rapidly changing conditions during day-time hours (see fig. 6).

It is important to emphasize that these rapid changes are genuine. Negative values during changing net radiation are due to presently nascent atmospheric layers. But negative values during day-time hours seem to be in relation to very special desert conditions: apart from turbulence-bubbles of hot air, a negative gradient of water vapour might signify that the dry air is even more humid higher up than immediately above the surface.

So the evaporation heat $L = \dfrac{RB + B}{1 + \beta}$ might be negative in extreme conditions, close to surface.

The calculating of β using the whole layer of 0.05 m up to 2 m is only roughly related with β-values obtained by excluding the surface - close values under consideration of the values 1 and 2 m above ground.

This is important for considering the reality of β-values over desert and dry shrub-covered surfaces.

Generally the "tilting" of β-values during day-time is due to a decrease of very small absolute e-values. The explanation of negative β-values during full day-time hours might be an advection of "less dry" air in upper layers.

2.2.3 Soil heat flux ("S") and soil temperature

The energy used for heating the soil is relatively small compared with other components of energy balance: at noon about 2/3 of the radiation balance is used only for "H" (Tanezrouft, north of Tombouctou, Ansongo). Using β, H and L, S can be derived by measuring soil temperatures - under simple assumptions concerning the type of the soil, its density and the neglectable water content. The so obtained S-values are rather small (less than 0.198 J cm^{-2} min^{-1}). Nearly all received daily heat totals are stored within the upper layer ($\leq$ 30 cm) of the soil. Negative signs mean: heat transfer i n t o the soil, positive signs t o - w a r d s the soil surface f r o m the depths (see fig. 6).

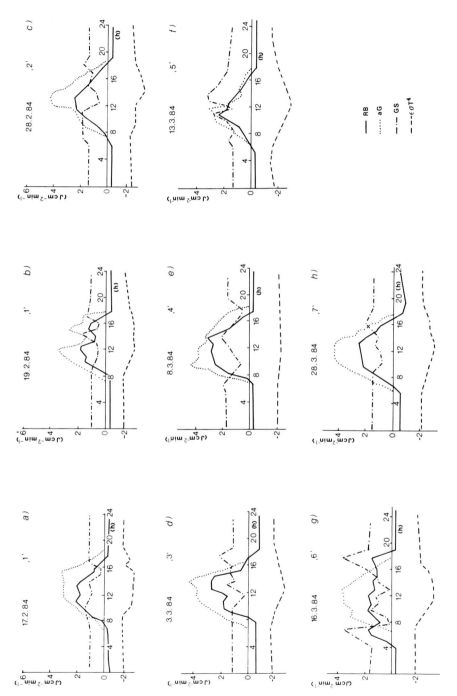

Fig. 6: Daily variations of the components of energy balance

The vertical air and soil temperature profiles (between +100 and -15 cm) at different sites during day-time hours of selected days are derived from measurements at 200, 100, 10, 0 cm and at -2, -10, -20 cm (tautochrones): see fig. 7 - 10.

The following typical pattern can be concluded:

a - The vertical temperature gradient is becoming very small at 5 cm above soil at about -20 cm;

b - the daily temperature amplitude → 0 at about -30 cm at Bel Guebbour/ Hassi Messaoud, Tamanrasset, Serir-Tanezrouft and at -15 to -20 cm at Tombouctou, Ansongo;

c - the temperature inversion of the night-hours is destroyed simultaneously at all heights (0 to +100 cm), just at the moment of radiation balance 0 (about: sunrise +1 hour, sunset -1 hour).
The heat stored during the day in the narrow layer 0 to -30 cm causes (observed) high surface temperatures and lacking humidity in this layer;

d - the amount of inversion (0 to +100 cm) is between 0.5 and about 4 °K (similar to values at other sites), depending on: radiation conditions (cloudiness) and mixing of the air (windpattern);

e - the daily temperature amplitude is rather similar, at very different sites of the desert and dry zone within the surface-layers above the desert soils. The following surface values have been observed: (table 6).

Table 6: Soil surface temperature amplitudes and ranges

site	amplitude (K)	range (°C)
Hassi-Messaoud/Bel Guebbour	39	-8 to 31
Tamanrasset	40	9 to 49
Tanezrouft	38	10 to 48
North of Tombouctou	25	24 to 49 (windy day)
close Ansongo	42	19 to 61

Half of the surface amplitude is reached at about -8 cm at all places, amplitude becomes 0 at about -30 cm. At about +5 cm a b o v e soil the amplitude decreases to 50 % of the surface values and at +20 cm is already very similar to the reference values (measured

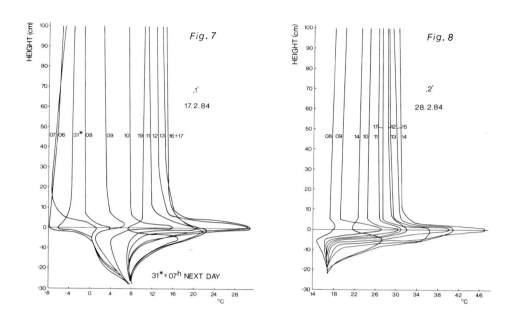
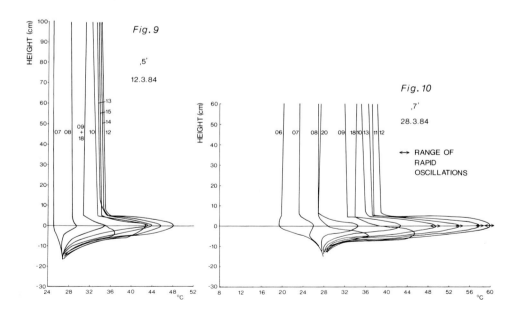

Fig. 7-10: Temperature tautochrones between 100 and -30 cm at selected sites

at +130 cm);

f - the thermal conductivity of the soil at all sites was rather similar (small).

Fig. 5 shows a generalized important variability of the β-values at all locations. Considering the daily means, there is no distinct tendency to a North-South change of the mean values.

In Central Sahara, the values are becoming "uncertain" mainly during noon hours. Both phenomena are due to the increasing importance of sensitive heat (H) compared with latent heat ($\rightarrow$0), but sudden turbulence effects. The actual and potential evaporation rates were as follows (table 7):

Table 7: Evaporation rates per day-time hours:

location	time	evaporation amount 1 2 3	$(mm\ d^{-1})*)$ $\frac{1}{3}$
Hassi Messaoud	17.2.84 (06-19^h)	1.54 0.08 2.93	0.52
Hassi Messaoud	19.2.84 (06-19^h)	1.23 0.11 3.38	0.36
Tamanrasset	28.2.84 (08-19^h)	2.08 - 5.05	0.41
Tanezrouft	03.3.84 (07-19^h)	2.03 0.14 12.58	0.16
North of Tessalit	08.3.84 (10-16^h)	2.34 0.05 16.71	0.14
"dune"	12.3.84 (07-18^h)	1.60 - 9.05	0.18
North of Tombouctou	15.3.84 (13-20^h)	1.19 - -	-
North of Tombouctou	16.3.84 (06-20^h)	1.10 - 9.64	0.11
Ansongo	28.3.84 (06-20^h)	2.35 - 8.19	0.29

*) Thornthwaite formula:

1 After energy-balance $EP = \frac{RB + B}{1 + \beta}$ with $\beta = \frac{c_p}{r_w} \cdot \frac{\frac{\delta t}{\delta z}}{\frac{\delta q}{\delta z}}$

2 After energy-balance (due to underestimated turbulence: too small)

$$EP = \frac{-\rho \cdot \kappa^2 \ (u_2 - u_1) \cdot (q_1 - q_2)}{\ln\left(\frac{z_1}{z_2}\right)^2}$$

ρ = air density $|g\ cm^{-3}|$

κ = v. Kaman's constant (0.39)

u_i = wind speed at height i $|cm\ s^{-1}|$

q_i = specific humidity of air

z_i = height above ground $|cm|$

3 after Penman's formula (Kondratyev, 1969)

    1 and 2 = actual evaporation
           3 = potential evaporation

3. Wind Measurements

3.1 General remarks

In addition to their importance for synoptical uses wind measurements are also important under desert conditions for the following questions:
- wind e r o s i o n and sand transportation (dunes),
- t u r b i d i t y of the air,
- e v a p o r a t i o n to be expressed in water loss $|mm\ min^{-1}|$,
- human c o m f o r t c o n d i t i o n s (c o o l i n g p o w e r, to be expressed in loss of heat $|J\ cm^{-2}\ min^{-1}|$)

3.2 Vertical wind profiles

A main task has been the knowledge of vertical wind profiles above defined measuring fields.

Daily variations of the (uncorrected) wind profile has been deduced from wind measurements at the locations:
- Hassi Messaoud/Bel Guebbour (17.2.84, 18.2.84, 19.2.84),
- eastern part of Tanezrouft (3.3.84),
- North of Tessalit (8.3.84),
- Northern Mali (12.3.84), close to dunes,
- close to Ansongo (27.-29.3.84).

U n d e r s i m i l a r c o n d i t i o n s (wind direction and speed homogeneous, not disturbed by gradient wind changes) the uncorrected deduced z_o-values are sometimes disturbed due to changing wind directions, relative to the support (ladder of a Saviem-car with about 1,5 m horizontally mounted bars, luff-directed)!

Somewhat different day/night relationships of the z_0-values are obtained from near-ground vertical profile measurements (at 1.3, 0.5 and 0.05 m) see 2) in table 8.

These measurements are in no case disturbed by obstacles and obtained with more sensitive wind-integrating cup-anemometers. The a b s o l u t e values are different due to other locations. The latter are representative for not-disturbed near-ground conditions. The roughness-parameter z_0 is oscillating here between 0.8 and 0.08 cm during day-time hours but between 10.0 and 0.3 cm during night hours. Even disturbed values are of some interest, too: the conditions correspond to a simulated increase of roughness by an obstacle (rocks, trunks etc.).

So the wind-modifying influence concerning erosion could be seen by comparison between 1) |disturbed| and 2) |undisturbed|.

This will be underlined by the observation facts found with microclimates influenced by vegetation. The mean values of a l l sites are (table 8):

Table 8: z_0-values cm at day and night:

	1)	2)
daytime	11.0	0.4
z_0 nighttime	28.6	4.3
relation day : night	0.38	0.09

The following figures 11 - 14 show the field of the isotachs of the wind speed between desert surface and 600 cm above (based on measured wind speeds at the heights of 5, 30, 130, 300, 500 and 600 cm).

It is impressive to see the strong irregular influence of the daily heating of the soil (turbulence), mainly over a rough surface ("dune": 12.3.84).

The conditions d u r i n g the night are characterized by low wind speeds (relationship noon-time/early morning b e f o r e sunrise: at 5 cm above ground: 10:1 to 4:1, at 600 cm above ground: between 6:1 and 2,5:1).

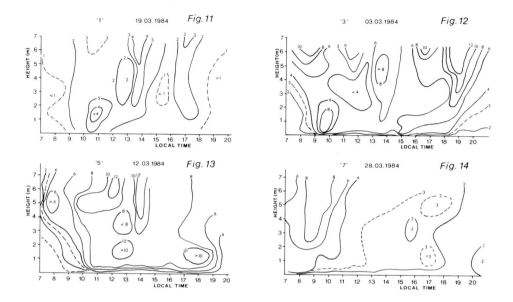

Fig. 11 - 14: Windisotachs between surface and 600 cm above surface in $|m\ s^{-1}|$ at selected sites during day-time hours

The vertical profiles (fig. 15) lead - concerning the daily averages - to z_0-values of about 40 to 2 cm (fig. 16).

The immediate neighbourhood of the measuring site is very important concerning roughness: also the horizont component of the air movement (wind direction) can change the z_0-height at the same site - even at surfaces taken for plaines.

3.3 Wind conditions over dunes

Wind speed and directions on a dune have been measured (height about 120 m) close to Hassi Messaoud. It has been tried to calculate the air trajectory at a height of 1.3 m above ground at the top and the base of this dune. The distance a transported air particle covered between 13^h and $15^h\ 34^m$ local time on 18^h February 1984 was 20.9 km at the top height, and 16.7 km at the base of the dune, both in southwesterly direction (Müller, 1984). The regression between simultaneously measured 15-minutes

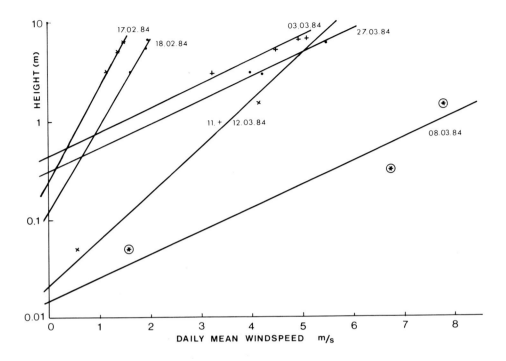

Fig. 15: Vertical profiles of windspeed above West African surfaces at selected sites

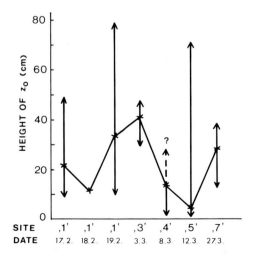

Fig. 16: Mean and extreme values of the roughness height (z_0), shown as a N-S-transsection

periods at different heights (1.3 and 0.3 m) and different esposures of the dune (base, top) was as follows:

$v_{1.3\ m}/v_{0.3\ m}$

top: $y = 0.249\ x + 0.206$ $R^* = 0.441$
base: $y = 0.748\ x + 0.484$ $R^* = 0.889$

$v_{1.3\ m}$

top/base: $y = 0.529\ x + 1.147$ $R^* = 0.395$

$v_{0.3\ m}$

top/base: $y = 0.833\ x + 0.236$ $R^* = 0.418$

(R^* = regression coefficients)

Thus, the vertical wind gradient ($v_{1.3\ m}/v_{0.3\ m}$) was much stronger correlated with the base of the dune than with its top (R^* about twice).

3.4 Wind and cooling power

The so-called cooling power CP, expressed in $|mg\ J\ cm^{-2}\ s^{-1}|$, is of biometeorological interest, mainly at different heights above surface of desert and dry African soils.

One of the most common definitions of CP is the CP after HILL (Kleinschmidt, 1935):

$CP_1 = (36.5 - T_a)\ (0.20 + 0.40\ v^{0.5})\ |mg\ J\ cm^{-2}\ s^{-1}|$, valid for $v < 1\ ms^{-1}$ and

$CP_2 = (36.5 - T_a)\ (0.13 + 0.47\ v^{0.5})\ |mg\ J\ cm^{-2}\ s^{-1}|$ for $v > 1\ ms^{-1}$.

CP reflects the effects of the difference between the "body"- and the surrounding air temperatures T_a (heat loss by conduction and/or radiation) and the cooling wind effect (evaporation loss). So within 3 dimensions moving animals (birds and insects) can adjust their flying altitude to optimal comfort (heat balance, evaporative loss) during the day: animals moving within two dimensions experience sometimes important daily variations of the energy balance of the animal body, steering mortality rates under dry and warm conditions. So, even n e g a t i v e CP-values are obtained at all heights up to 600 cm above ground and even b e f o r e the hottest season of the year (see fig. 17-22: Ansongo 28.3.1984 during the time

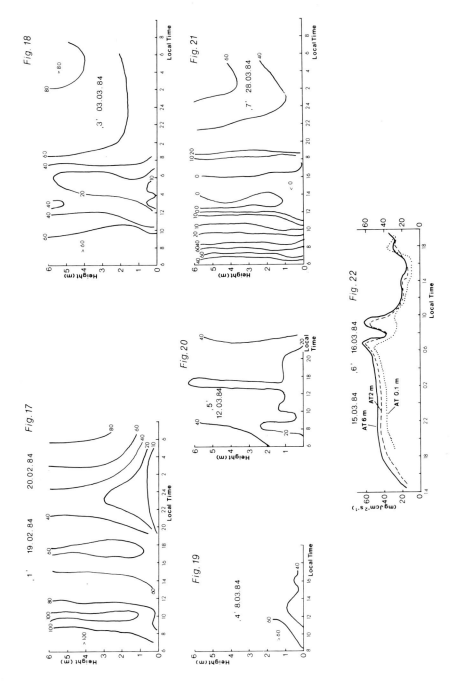

Fig. 17 – 22: Isolines of the cooling power (after Mill) in $|mg\ J\ cm^{-2}\ s^{-1}|$ during day-time hours as a height-profile at selected sites between $10^h 30^m$ and about $16^h 30^m$). The heat loss decreases, e.g. at 50 cm above ground from 07^h to the late afternoon at Hassi Messaoud/Bel Guebbour (19.2.1984) from more than 100 mg J to 1/10, at Serir Tanezrouft (3.3.1984) from about 65 mg J to about 30, but at Ansongo (28.3.1984) from about 65 to nearly -10 mg J in the early afternoon hours. Stronger winds equalize the daily variation: on 12.3.1984 ("dune"-measurements) only wind velocities caused the oscillations observed between about 40 and 15 mg J cm^{-2} s^{-1}.

Frequently, the "discomfort" caused by small differences between blood temperature (and/or: body) and surrounding air temperature is reduced by high evaporative cooling, due to high wind speeds. Further, daily variations are such that wind speeds are highest in the early afternoon when saturation deficit values are highest and differences between body albedo, the contribution of the CP-term to the whole energy balance (considering food-uptake etc.) of a living organism could be derived and used as a unit to define bioclimatically-founded zonations.

Table 9: North-South evolution of cooling power after Hill
(generally: at 1.3 m daily means between 07^h and 20^h)

location (altitude)	date	height and/or exposure	CP |mg J cm^{-2}s^{-1}|
Chott Djeloud (0 m)	14.2.84	1.3 m	34
Hassi Messaoud/Bel Guebbour (100 m)	18 to 20.2.84	1.3 m	19
Tamanrasset (1390 m)	28.2.84	1.3 m	6
Assekrem (2640 m)	25-26.2.84	1.3 m	18
Tanezrouft (420 m)	03.3.84	1.3 m	9
Tessalit (495 m)	08.3.84	1.3 m	12
"Dune" (Asler) (380 m)	12.3.84	1.3 m	5
North of Tombouctou (240 m)	15./16.3.84	0.3 m loff*) 0.3 m lee *) below Salvadora persica at 1 m	8.2 (=100%) 7.5 (= 91%) 6.3 (= 77%)
Ansongo (170 m)	27./28.3.84	0.3 m loff*) 0.3 m lee *)	3.9 (=100%) 3.2 (= 82%)

*) loff and lee refers to bush-grass; height about 0.4 m at 1 m with reference to actual direction at the indicated altitude

Cooling power values increase during day-time with altitude (30 to 600 cm) above ground to 2 to 6 $|mg\ J\ cm^{-2}\ s^{-1}|$, but are about equal at 30 and 600 cm during ventilated nights, somewhat higher at 30 cm than at 600 cm during calm nights (inversions). See also chapter 4.4!

4. (Integrated) Microclimatic Measurements of Sparse Desert Vegetation

4.1 Radiation balance and albedo

Concerning the b a l a n c e there is no significant difference between vegetationless sand and shrub-vegetation (not completely covering the soil see table 10).

Table 10: Daily variation of radiation balance close to Ansongo (28 March 1984 over sand and shrub)

local time	$|J\ cm^{-2} min^{-1}|$	
	sand	shrub
09	1.69	1.75
10	2.10	2.13
11	2.37	2.47
12	2.31	2.28
13	2.64	2.70
14	1.85	1.82
15	1.31	1.25
16	1.03	1.12
17	0.20	0.12
18	-0.67	-0.68
19	-0.61	-0.62
20	-0.56	-0.57
21	-0.58	-0.56

G l o b a l a l b e d o :

The differences between the global albedo (visible range) of uncovered sandy soil and sparse vegetation are insignificant. The two kinds of surfaces have the same daily variation (minimum close to noon).

Table 11: Global albedo (daily variation) of sand and vegetation: Panicum and withered vegetation (straw) and/or manure of goats

local time	"6"	16.3.84	local time	"7"	28.3.84
	sand	Panicum		sand	Panicum
09	0.424	0.399	06	0.470	-
10	0.513	0.467	07	0.391	0.438
11	0.465	0.436	08	0.452	0.484
12	0.337	0.339	09	0.396	0.384
13	0.413	0.350	10	0.359	0.358
14	0.392	0.397	11	0.341	0.358
15	0.367	0.417	12	0.335	0.360
16	0.410	0.430	13	0.352	0.356
17	0.492	0.442	14	0.340	0.372
			15	0.354	0.369
			16	0.435	0.425
			17	0.378	0.416

4.2 Radiation inside and outside the vegetation

The potential r a d i a t i o n inside of a Salvadora persica is defined by the structure of the crown of this typical tree (see fig. 23). The maximum possible sunshine duration per year is reduced from the astronomical 4383 hours to about 2325 (= 53 %) (see fig. 24).

The differences are less important during the cooler months. It is interesting that the global radiation at the inside of Salvadora persica (close to the stem, southern exposure) is nearly identical with the diffuse part of the global radiation outside (measurements of 15th and 16th March, 1984).

Radiation balance:

The r a d i a t i o n b a l a n c e below the crown of Salvadora persica is - according - very close to zero, slightly positive during day-time, less negative than over Panicum or - even - sand during the night.

4.3 Air temperature differences within and outside of vegetation

Exposure is essential for deviations from means as a function of day-time. There is only a weak correlation between the daily temperature range at

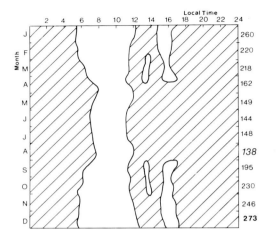 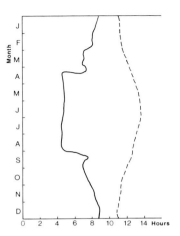

Fig. 23: Potential sunshine duration below Salvadoria persica (near to the stem, southern exposure) near Ansongo: numbers on hour by month. Hours of potential sunshine: white

Fig. 24: Daily totals of potential sunshine duration of every month in hours/day and astronomically possible sunshine duration in hours/day of every month (dashed line) at the same site

sand surfaces o u t s i d e the vegetation and the surrounding air, close to the surface (+ 10 cm) and below the surface.

This is still more pronounced concerning air temperature within vegetation, probably due to the oscillating wind penetration through mechanical obstacles (vegetation-elements, but also the gustiness of wind). A typical example is given in table 12 showing the differences of exposure at an early afternoon hour during the dry season.

Table 12: Salvadora persica: temperature differences dependent on exposure (day: 15.3.84; location: "6")

heights above ground:	1.0 m	0.05 m	Δt from the means of all exposures at 1 m
exposure	ΔT (K) at 1 m		ΔT (K)
N	-0.6		-2.5
E	0.1		-0.4
S	0.5		0.7
W	-0.3		0.0
centre inside	-0.6		-0.7
T' t':	31.0	T t':	33.2 °C

stalks to Panicum (h: ca. 0.3 m)

centre inside: -0.1 K
                 t': 33.2 °C

Leaves and stalk-temperature deviations:

Principally, the differences of leaf- and stalk-temperatures are small, due to prevailing strong winds. If temperature difference becomes high, transpiration is stopped and/or small wind and air movements prevail. Rapid changes of great differences are caused by increasing or decreasing wind-speeds.

The following table 13 shows a typical variation of such temperature differences.

Table 13: Daily variation of temperature differences between surrounding air (same heights) and leaves of Salvadora persica and stalks of Panicum (day: 16.3.84, Location "6")

	Temperatures °C of:							
	leaves of Salvadora persica				stalks of Panicum			
local time	surr. air	sun	exp.	shadow	surr. air	sun	exp.	shadow
	°C	a) ΔT	b) ΔT	a) ΔT	b) ΔT	°C	a) ΔT	b) ΔT	a) ΔT	b) ΔT
06	14.7	+0.4	+0.7	-0.7	-0.6	-	-	-	-	-
08	21.6	+2.5	0.0	+1.9	+0.1	25.2	+0.4	-	-	-
09	28.3	+3.2	+2.8	-0.9	-0.8	25.6	+5.7	-	-	-
10	28.4	+7.6	+6.3	+1.4	+2.0	28.4	+6.1	+5.9	-	-
11	32.3	+5.5	+5.5	-1.2	-1.3	31.1	+6.6	-	-	-
12	31.9	+6.5	+6.5	-0.9	-1.1	37.4	+0.3	+0.3	-	-
14	32.2	+6.6	+4.0	+0.5	+0.6	34.3	+3.5	+2.7	-	-
15	33.1	+3.2	+3.8	-0.4	-0.2	34.4	+2.4	-	-	-
16	32.8	+3.2	+3.1	+0.1	0.0	35.2	+0.7	+0.5	-	-
17	30.9	+2.6	+3.3	+0.7	+1.0	30.9	+2.2	+2.1	-	-
18	26.9	-	-	-1.0	-0.6	25.6	-	-	+1.4	-
19	-	-	-	-	-	24.8	-	-	-0.1	-
20	23.7	-	-	-1.0	-0.8	22.6	-	-	-0.3	-

a) upper side, b) lower side of leaves or stalks

Influence of exposure during the afternoon (15^h) of 15.3.84 location 6)

	leaves of Salvadora persica		stalks of Panicum	
exposure	ΔT	at h: 0.1 m	ΔT	h: 0.1 m
N	-0.9		luff (NE)	-0.3
E	-0.7			
S	+1.9		inside	0.0
W	+0.2		lee (SW)	-1.4
$\bar{T}$: 35.6			$\bar{T}$:	33.6 °C

4.4 Water vapour pressure within and outside vegetation

Vegetation is here a scarce "source" of water vapour into the dry air. It was interesting to measure the quantity of differences at the edges of vegetation areas (table 14).

Table 14: Deviation of vapour pressure at two different heights above ground within Salvadora persica from the vapour pressure of air at the same height (luff) (day: 15.3.84, 15^h local time, location: "6")

	Salvadora persica		Panicum	
at:	1 m	0.05 m		
exposure	Δe (hPa)	Δe (hPA)		
N	-0.8	-1.7	NE (luff)	2.80 hPa
E	-0.1	-1.1		
S	+2.0	-0.5		
W	0.0	-1.0	SW (lee)	2.80 hPA
inside	-0.8	-2.2	-	-
outside	3.3	4.2	-	-

Even at very small distances (0.5 m) from the edge of vegetation area in the lee of it, the vapour pressure is not significantly increased by transpiration in scarce vegetation.

The same is true - evidently - for the relative humidity of the air: small differences between luff and lee at the edges of shrubs.

Even the surplus of 2.0 hPa on the southern edge of Salvadora persica at 1 m above ground corresponds to a small increase of 12 % instead of 7 % relative humidity outside. The very small or lacking influence of water vapour source is partly due to the s t a t e of vegetation (March is in the 2nd half of the dry season). Probably just after rain periods the evaporation influence will be not more insignificant.

4.5 Microclimatic wind conditions

It is evident that the windvector will be influenced by vegetation in various manners. Fig. 25 shows the daily variations (15th and 16th March 1984) of the wind speed-ratio within Salvadora persica, compared with the corresponding luff-values. It is remarkable that the values during night-time are nearly 1.00 - if the wind is light. But with sunrise and/or if the wind is strong during the night (27th/28th March), the ratio is lowered to about 0.40. Therefore the influence of vegetation might be important, concerning wind erosion, even a scarce shrub landscape.

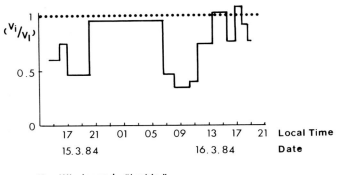

V_i = Windspeed "inside"

V_l = Windspeed "loff-exposure"

Fig. 25: Relative windspeed inside of Salvadora persica referred to outside (1.00) at 100 cm above ground near Ansongo (case of 15th and 16th March 1984); outside: loff exposure

Main summary of the results:

- normalized global radiation (= $\frac{\text{daily measured total}}{\text{total at the top of atmosphere}}$) is very similar at all sites (due to same air mass, north of ITCZ);
- diffuse radiation under cloudless conditions at noon is 9 to 20 % of the G-values;
- albedo values (at noon) are extremly oscillating and due to local effects;
- radiation balance (daily totals) increase at this time of the year from +352 ("3") to +962 ("4") or 882 ("6") J cm^{-2}min^{-1} at clear days;
- global radiation increased due to latitudinal and seasonal effects from "1" (2132) up to "7" (3600 J cm^{-2} d^{-1}). Atmosphere absorbed in both cases about 20 % of the total radiation;
- β-concerning   a b s o l u t e   hourly values - is a reliable climatic indicator but the relative frequency of β values " $\to \infty$ " and of interhourly changes of signs (+, -);

- daily surface temperature amplitudes (up to 42 °C) are not influenced by latitude. At 30 cm below and at 5 cm above surface amplitudes decrease to 50 %; at + 20 cm amplitudes are nearly the same as at 130 cm. Any daily amplitude disappears at -30 cm, nearly independent of the site (soil);
- vapour pressure is so small near the surface that vertical gradients are nearly 0; vertical differences are due mainly to turbulence (and/or local advection). Therefore, dew is missing;
- relative humidity, never exceeding 60 %, reaches regulary 5 % (down to 2 %) at noon, near the surface (+10 cm);
- evaporation: potential evaporation increased from North to South (from about 3 to more than 16 mm/d (Tessalit) and decreased (less windspeeds) southwards to daily totals between 8 and 20 mm/d. Daily real evaporation was calculated to be between 0.1 and 2 mm;
- windspeed: near the ground windspeeds with strong daily variations: between $<$ 0.8 m/s (morning hours) and $>$8 m/s (afternoon) with frequent height turbulence. Height gradients are rather weak;
- maximum values (hourly means) of 13 m/s at 6 m above sand have been measured; during the night, sudden windspeed-increases (thermal origins) happened frequently;
- roughness heights were $\sim$0.5 to $\sim$5 cm (day- and night-time values);
- cooling power near the surface decreased from 100 mg J cm^{-2} s^{-1} to even small negative values (Ansongo, March afternoon);
- the role of scarce vegetation is mainly a leewards wind modifying pattern (direction and speed).

References:

Goering, H. (Ed.): Sammelband zur statistischen Theorie der Turbulenz. - Akad. Verl. Berlin 1958, 228 p.

Kondratyev, K. Ya.: Radiation in the Atmosphere. - Int. Geophys. Ser., vol. 12, Acad. Press, New York and London 1969, 912 p.

Müller, W.: Remarques sur les conditions météorologiques pour la mobilisation et le transport des particules au sol au milieu aride (Sahara). - Tr. de l'Inst. Geogr. de Reims, no 59-60, 1984, p. 85-104.

Kleinschmidt, E.: Handbuch der meteorologischen Instrumente. - Springer Verlag Berlin 1935, 733 p.

Acknowledgements:

The author expresses his deep gratitude to the organizer and scientific director of the successful Geoscientific Sahara expedition of the Universities of the Stuttgart area, Prof. Dr. W. Meckelein, as well as to the technical operators of the expedition, Mrs. and Mr. Hettlage for precious technical support.

Author's address: Prof. Dr. W. A. Müller, Institut für Landeskultur und Pflanzenökologie, 7000 Stuttgart-Hohenheim

Forschungen in Sahara und Sahel I, hrsg. von R. Vogg
Stuttgarter Geographische Studien, Bd. 106, 1987

ZUR BIOLOGIE EINIGER HÄUFIGER SAHARAPFLANZEN

von Erich Götz

Zusammenfassung: Von der artenarmen Flora der Sahara sind nur wenige Dutzend Arten häufig oder besonders bezeichnend. Es wird kurz diskutiert, wie weit mit diesen wenigen Arten nach ihren Arealen und ihrer Beteiligung an verschiedenen Vegetationstypen allgemeine Aussagen möglich sind. 28 Arten werden genauer vorgestellt in morphologischen und anatomischen Zeichnungen. Dabei ergeben sich Hinweise auf ihren Wasserhaushalt und auf Fraßschutzmittel.

Summary: On the Biology of Some Frequently Occurring Sahara Plants

Of the flora found in the Sahara, which is poor in species, only a few dozen species occur frequently or are especially characteristic. It is discussed in short in how far it is possible to make general statements studying these few species with regard to their distribution areas and their occurrence in different types of vegetation. 28 species are presented in detail in morphological and anatomical drawings. This leads to indications on their water balance and on protective measures against animals feeding on these plants.

Résumé: Sur la biologie de quelques plantes fréquentes du Sahara

Pour ce qui est de la flore du Sahara, qui est pauvre en espèces, seulement quelques douzaines d'espèces sont fréquentes ou particulièrement caractéristiques. Il est discuté en bref dans quelle mesure il est possible de donner des renseignements plus généraux à l'aide d'un si petit nombre d'espèces etudiées concernant les aires et la présence dans différents types de végétation. 28 espèces sont présentées en plus grand détail dans des dessins morphologiques et anatomiques. Des indications au sujet de leur capacité de s'adapter à la sécheresse et au sujet d'une protection contre des animaux pâturants s'ensuivent.

Einleitung

Das Auffälligste an der Pflanzenwelt der Sahara ist sicherlich die extreme Artenarmut. Ozenda (1983) gibt zwar die Zahl von etwa 1200 Pflanzenarten für die Sahara an. Diese für ein Gebiet, fast so groß wie Europa, erstaunlich geringe Zahl täuscht aber immer noch. Zieht man die nur in den Randgebieten vorkommenden Arten und die nur gelegentlich in Oasen verschleppten Arten ab, so bleibt nur eine sehr kleine Anzahl allgemein verbreiteter Arten übrig.

Auf unserer Expedition konnte ich von Tozeur an der algerischen Grenze bis Gao am Niger nur etwa 70 Pflanzenarten sammeln, eine Zahl, die in Mitteleuropa nach einem Spaziergang von einigen hundert Metern zu erreichen ist. Allerdings waren in der Südsahara und im Sahel die einjährigen Arten zur Reisezeit noch nicht entwickelt. Die verhältnismäßig wenigen Arten, die man bei einer Saharareise gewöhnlich zu sehen bekommt, sind aber meist sehr weit verbreitet. Bei einer weitgespannten geographischen Expedition sind natürlich keine eingehenderen Untersuchungen möglich, etwa in systematischer, pflanzensoziologischer oder pflanzenökologischer Richtung. Zudem liegt über die Flora das ausgezeichnete Werk von Ozenda (1983) vor, in pflanzensoziologischer Hinsicht das umfassende Buch von Quezel (1965). Für pflanzenökologische Untersuchungen sind meist umfangreiche Meßreihen erforderlich, wie sie fast nur von einer festen Station möglich sind. Die extremen klimatischen Bedingungen gehen aber aus dem Beitrag von Müller in diesem Band hervor, die überraschend vielfältigen Bodenverhältnisse aus dem Beitrag von Vogg. Ich habe daher versucht, wenigstens einen Teil der "Allerweltspflanzen" der Sahara etwas genauer kennenzulernen, wozu sich zuallererst ihr morphologischer und anatomischer Bau anbot. Von diesen Arten sind zwar einfache Habituszeichnungen (z. B. Ozenda 1983, Dittrich 1983) und auch anatomische Zeichnungen (z. B. Volkens 1887, Sabins 1919-21) in der Literatur zu finden. Sie sind aber bei näherem Zusehen doch oft etwas ungenau, oder die anatomischen Zeichnungen sind oft nach aufgekochtem Herbarmaterial angefertigt, was doch in manchen Fällen gegenüber flüssig konserviertem Material von Nachteil ist.

1. Zu Arealkunde, Vegetation und pflanzengeographischen Grenzziehungen

Bevor einzelne Pflanzenarten vorgestellt werden, möchte ich noch sehr kurz einige mehr oder weniger persönliche Eindrücke, die ich auf der Reise sammeln konnte, vorausschicken. Zunächst erscheint es leicht, in der Sahara verschiedene Arealtypen zu unterscheiden. Bis zum Saharaatlas ist die Flora eindeutig mediterran. Auch auf den trockenen Hochflächen und versalzten Schotts erinnern Arten wie das Halfagras, Stipa tenacissima, und die Wermut-Art Artemisia herba-alba an trockene Gegenden Südspaniens. M e d i t e r r a n e   A r t e n strahlen in den Wadis weiter nach Süden aus, verlieren sich aber bald und werden durch   s a h a r o - s i n d i s c h e (oder saharo-arabische)   A r t e n   ersetzt, z. B. Anabasis articulata, Lygos raetam oder Zilla spinosa. Das Ahaggar-Gebirge mit seinen etwas günstigeren Bedingungen für Pflanzen ist pflanzengeographisch ein Knotenpunkt. Hier treffen sich saharo-sindische Arten mit anderen Geoelementen. Vor allem in größeren Höhen kommt noch einmal eine größere Anzahl mediterraner Arten vor wie Moricandia arvensis oder an Bächen der Oleander, Nerium oleander. Einzelne   e n d e - m i s c h e   A r t e n   haben nahe verwandte Arten im Mittelmeergebiet wie die Ölbaum-Art Olea laperrini und Myrtus nivellei. Dazu kommen im Ahaggar aber schon Einstrahlungen von Süden,   s u d a n i s c h - t r o p i s c h e   A r t e n .

Häufig schon nicht mehr in dieses einfache Schema passen die Arten der Sandwüsten und Salzböden und der stehenden Gewässer. Zum Beispiel kommt an stehenden Gewässern mitten in der Sahara der Kosmopolit Phragmites australis, das gewöhnliche Schilfrohr, vor. Während nördlich des Ahaggar eine deutlich ausgeprägte eigene Sand- und Salzbodenvegetation zu erkennen ist, war die Vegetation der Sandgebiete und Salzböden im Ahaggar und in den großen Dünengebieten nördlich Tombouctou kaum durch eigene Arten - am ehesten noch durch die sandliebende Art Leptadenia pyrotechnica - ausgezeichnet.

Die Zuordnung vieler Arten zu diesen vier groben Arealtypen (mediterran, saharo-sindisch, endemisch saharisch und sudanisch-tropisch) ist oft keineswegs klar. Dies zeigen schon die ganz groben Verbreitungsangaben bei den einzelnen Arten. Je genauer wir die Verbreitung kennen, desto mehr Arealtypen stellen sich heraus, die aber immer mehr ineinander übergehen, bis schließlich fast arteigene Arealformen die individuellen Artareale mehr oder weniger grob beschreiben, aber kaum noch zu Gruppen zusammengefaßt werden können. Für die europäische Flora sind Meusel, Jäger und Weinert (1965) schon diesen Weg gegangen. Die allmählich erscheinenden, genaueren Arealkarten afrikanischer

Pflanzenarten lassen dort die gleiche Entwicklung erwarten.

Die verschiedene Struktur der Vegetation ist in Trockengebieten besonders wichtig. Schon auf den Hochflächen der Schotts ist die Vegetation sehr aufgelockert, die Halfagrasbüschel oder die Sträuchlein von Artemisia herba-alba stehen einzeln in ziemlich weiten Abständen, viel offenen Boden zwischen sich freilassend. Der gesamte Bodenraum ist aber noch durchwurzelt; für eine geschlossene oberirdische Pflanzendecke reicht aber das Wasser nicht mehr aus. Nach Monod wird diese Art der noch flächenhaften Vegetation als "diffuse" Vegetation bezeichnet. Nach Süden zu rücken die Einzelpflanzen immer weiter auseinander, und in diesem Bereich bleiben immer größere Flächen schon völlig vegetationslos, und die Pflanzen beschränken sich auf reliefbedingt günstigere Stellen ("kontrahierte" Vegetation). Dies sind einerseits wohl meist durch den Wind geformte kleine, mit Sand erfüllte Mulden, wo wenige Zentimeter Niveauunterschied schon eine entscheidende Rolle für die Vegetation spielen können. Von einem Hügel aus betrachtet, sieht die Landschaft dann wie unregelmäßig gefleckt aus durch diese kleinen, wenige Meter bis etwa 200 m im Durchmesser breiten Vegetationsinseln. Typisch trat dies z. B. in der Hammada Tinrhert auf. Am dichtesten ist die Vegetation in diesen Mulden am Grund der Senken. Anders verteilt sich die Vegetation in Gebieten mit höheren und steilen Dünen. Hier sind die meisten Pflanzen in einem Saum am Fuß der Dünen angeordnet, wo sich Hangwasser sammelt, während dagegen die eigentlichen Dünentäler meist viel schwächer bewachsen sind. In noch trockeneren Gebieten finden sich Pflanzen nur noch in den Wadis. Je nach Breite des Wadis reicht der unterirdisch fließende Grundwasserstrom nur für eine einzige Reihe von Sträuchern aus, z. B. Tamarisken, oder für ein schmales Band von Akazien oder bei sehr breiten Wadis für savannenähnliche Akazienbestände. Bei genauerer Betrachtung sind aber meist die einzelnen Bäume streifen- oder netzartig, entsprechend den Grundwasserströmen, angeordnet. In tiefen, steilrandigen Wadis kann sich sogar nach einem meist vegetationslosen Randstreifen unmittelbar am Fuß des Steilrands zusätzlich ein schmaler Saum kleinerer Pflanzen halten. Ganz allgemein ist in ariden Gebieten eine Abdeckung von Sand oder Kies für den Pflanzenwuchs von entscheidender Bedeutung, denn dadurch werden ein kapillarer Nachstrom von Wasser und eine Verdunstung von der Bodenoberfläche eingeschränkt (Walter 1970).

Die Pflanzengesellschaften in der Sahara sind allgemein sehr artenarm, und so bieten sich vollständige Artenlisten von Aufnahmeflächen nach der pflanzensoziologischen Methode von Braun-Blanquet zunächst an, wie dies in ausführlicher Art von Quezel (1965) erarbeitet wurde. In pflanzengeographischer Hinsicht ist dies aber meiner Ansicht nach aus mehreren Gründen nicht gut anwendbar. Die einjährigen Arten sind nur mit sehr viel Glück überhaupt anzutreffen, sie wechseln zudem sehr nach Jahreszeit und Stärke des letzten Regenfalls. Noch mehr ins Gewicht fällt aber, daß fast alle Vegetationsaufnahmen allein durch die wenigen dominanten Arten (Arten mit über 5 % Deckung oder die 1-4 deckungsstärksten Arten) meist ebenso klar einem bestimmten Vegetationstyp zuzuordnen sind wie durch eine vollständige Artenliste, die viel mühsamer, sehr oft wegen der Jahreszeit oder des ungünstigen Jahrs überhaupt nicht zu erhalten ist. Doch selbst wenn eine vollständige Artenliste möglich ist, differenziert sie meiner Ansicht nach kaum besser als die wenigen dominanten Arten. Im Gegenteil hatte ich immer wieder den Eindruck, daß gerade in diesen artenarmen Gesellschaften die Anteile der wenigen dominanten Arten für das Ökosystem bedeutsamer wurden im Vergleich zu der Gesamtartenliste. Für große Teile der Sahara, wo nur noch in den Wadis ausdauernde Arten in wenigen Arten vorkommen, muß sich die Klassifizierung der Vegetation sowieso auf diese wenigen Arten beschränken. Durch einzelne dominante Arten gut gekennzeichnete Soziationen, denen wir auf unserer Reise begegneten, seien wenigstens in einer Tabelle aufgeführt (Tab. 1).

Neben dem Klima, der Geomorphologie, der Hydrographie und den Böden wurden auch die Vegetation und die Flora für eine großräumige zonale Grenzziehung in der Sahara und ihren Randgebieten immer wieder herangezogen. Die zunächst recht naheliegende Unterscheidung zwischen diffuser und kontrahierter Vegetation scheidet meiner Ansicht nach im Gelände aus. Vergleichbar wären nur einigermaßen ebene, "normale" Flächen. Solche gibt es, oft auch großräumig, z. B. in Sandgebieten, kaum, aber auch nach Ausscheidung der Ergs bleibt die Entscheidung im Gelände oft subjektiv, da der Übergang völlig kontinuierlich ist. Zudem spielt der wechselnde geologische Untergrund bei der kaum stattfindenden Bodenbildung eine große Rolle. Ebenso unpraktisch erscheint mir zunächst der floristische Ansatz. Eine gezwungenermaßen äußerst grobe Zuteilung der einzelnen Arten zu Arealtypen und danach bis aufs Prozent genaue Arealtypenspektren täuschen eine bei weitem nicht vorhandene Genauigkeit vor. Da auch hier ein Kontinuum vorliegt, müssen willkürlich bestimmte Prozentzahlen als Grenzen dienen. Soll die Grenzziehung aber nicht von ausschließlich arealkundlichem Interesse sein, kann man nicht umhin, ausdauernde und dominante Arten stärker zu werten als einjährige oder sehr seltene Arten. Dies führt zu einer sehr einfachen Lösung, die ich aber zugleich für die beste halte, nämlich die Beschränkung auf die Arealgrenzen der wenigen dominanten Gehölze und Gräser. Besonders wichtig erschien mir auf unserer Route die sehr einfache, immer wiederkehrende Abfolge weniger Arten der Wadi-Vegetation vom Ahaggar bis zum Niger. In den kleinsten oder trockensten Wadis erschienen als

Tab. 1: Dominierende, vegetationsbestimmende Arten längs der Reiseroute

Hauptvorkommen	dominante Art(en)
Sandwüsten	Lygos raetam Cornulaca monacantha Fagonia bruguieri Calligonum comosum Chrozophora brocchiana Leptadenia pyrotechnica
Salzböden	Salsola foetida Juncus maritimus Zygophyllum spec. Tamarix spec.
Steinwüsten	Anabasis articulata Randonia africana/Artemisia judaica
Wadis	Zilla spinosa Acacia raddiana Panicum turgidum Acacia raddiana/Panicum turgidum Acacia raddiana/Maerua crassifolia/Balanites aegyptiaca/ Salvadora persica Aerva javanica
Trockensavanne	Hyphaene thebaica
Ahaggar- Hochgebirgs- region	Moricandia arvensis Pithuranthos scoparius Pentzia monodiana/Ephedra major
am Süßwasser	Nerium oleander Phragmites australis Hyoscyamus muticus ssp. falezlez

anspruchsloseste Arten zunächst die Grashorste von Panicum turgidum und Sträucher von Acacia raddiana, den zugleich weitestverbreiteten Arten. Solche Wadis bieten zusätzlich höchstens wenigen weiteren kleinen Arten, etwa Aerva javanica oder Aristida-Gräsern Lebensmöglichkeiten. In großen Gebieten stellen sie die einzige Vegetation außerhalb der Oasen dar. Diese eignen sich aber für eine flächenhafte Gliederung kaum, da sie größeren Gebieten völlig fehlen. In größeren Wadis oder näher am Ahaggar-Gebirge oder zum Sahel zu treten weitere Arten in etwa folgender Reihenfolge hinzu. Noch sehr anspruchslos sind die Baumarten Maerua crassifolia und Balanites aegyptiaca. Schließlich kommen noch Salvadora persica und zuletzt Boscia senegalensis hinzu. Die Palme Hyphaene thebaica ist schon tpyisch für die geschlossene Trockensavanne außerhalb der Wadis. Einzelne sehr große Wadis wie etwa das Vallée du Tilemsi stören dabei stören dabei die sonst zonalen Verbreitungsgrenzen dieser Gehölze. Dies ist nicht weiter verwunderlich; in einem so extremen Gebiet stimmen Klimazonen und Vegetationsgrenzen nur noch zum Teil überein, Relief und edaphische Verhältnisse werden für die kontrahierte Vegetation viel entscheidender als klimatische Abstufungen. Nach Klima, Geomorphologie, Böden, Vegetation und Flora gemeinsame Grenzen sind also von vornherein nicht zu erwarten.

Nach meinen Beobachtungen hätten wenige ausgewählte Pflanzenarten genügt, die durchfahrene Strecke befriedigend vegetationskundlich wie floristisch in einzelne Abschnitte zu unterteilen. In der folgenden Tabelle sind nur dominante, vegetationsbestimmende Arten aufgeführt; alle nur kleinräumig verbreiteten Arten sind weggelassen, z. B. um offene Süßwasserstellen wachsende oder von Bewässerung abhängige Arten. Die Reihenfolge der Arten richtet sich danach, wie sie während der Reise von Norden nach Süden zum ersten Mal erschienen, also nach ihrer auf der Reise beobachteten Nordgrenze. In gleicher Weise könnten die Arten auch nach ihrer Südgrenze geordnet werden, was hier aus Platzgründen unterblieb. Obwohl die Tabelle nur bestandbildende Arten enthält, fällt doch noch ein Teil für eine sinnvolle Gliederung des Gesamtprofils heraus. Für eine praktische Einteilung und eventuell für eine Grenzziehung können nur die häufigsten Arten dienen, und selbst von diesen müssen einzelne, die sich nicht einigermaßen gleichläufig zu den Hauptarten verhalten, besser unberücksichtigt bleiben. So ergibt sich schließlich folgende einfachste Generalisierung nach typischen Leitarten:

Nordsahara	Lygos raetam
	Anabasis articulata
Zentralsahara bis Sahel	Acacia raddiana
	Panicum turgidum
Ahaggar-Gebirge	Moricandia arvensis
	Ephedra major
Südsahara bis Sahel	Maerua crassifolia
	Balanites aegyptiaca
	Salvadora persica
	Boscia senegalensis
Trockensavanne	Acacia albida
	Hyphaene thebaica

Tab. 2: Fundorte mit dominantem Auftreten

Fundorte (gemäß der Liste auf der folgenden Seite)

Arten	1	2	3	4	5	6	7	8	9	10	11	12	13	14	15	16	17	18	19	20	21	22	23	24	25	26	27	28	29	30	31	32	33	34
Lygos raetam	+	+			+	+																												
Anabasis articulata	+	+		+	+					+		+				+																		
Salsola foetica		+	+							+	+																							
Zygophyllum spec.		+						+	+																									
Euphorbia guyoniana			+																															
Tamarix spec.			+				+		+																									
Cornulaca monacantha					+	+		+																										
Calligonum comosum								+																										
Randonia africana									+	+																								
Pithuranthos scoparius									+	+																								
Acacia raddiana							(+)				+		+	+	+		+					+		+				+		+	+		+	+
Pergularia tomentosa										+					+		+																	
Tamarix articulata												+	+	+																				
Citrullus colocynthis												+	+	+	+		+		+															
Panicum turgidum												+	+	+	+		+		+															
Fagonia bruguieri													+	+	+		+																	
Zilla spinosa														+	+	+	+																	
Aerva javanica															+		+		+									+						
Calotropis procera															+		+					+		+					+		+			
Moricandia arvensis															+	+	+																	
Ephedra major																+	+																	
Pulicaria undulata																+	+																	
Rhus tripartita																+	+																	
Maerua crassifolia																	+				+				+									
Balanites aegyptiaca																			+			+	+	+	+	+	+	+		+		+	+	
Salvadora persica																				+		+	+		+	+	+	+						
Schouwia purpurea																				+		+												
Chrozophora brocchiana																				+			+				+							
Cassia italica																					+	+		+	+	+		+		+	+			
Boscia senegalensis																					+	+						+						
Leptadenia pyrotechnica																						+						+		+	+	+	+	
Acacia albida																						+							+					
Hyphaene thebaica																														+	+	+		+
Ziziphus mauritanicus																														+	+	+	+	+

Fundorte (zu Tabelle 2)

1 nö. Tozeur
2 Schott Melrhir
3 s. El Oued
4 Touggourt
5 ca. 20 km n. Hassi Messaoud
6 ca. 40 km s. Hassi Messaoud
7 nördl. Grand Erg Oriental
8 Grand Erg Oriental
9 Artesischer Brunnen bei Hassi bel Guebbour
10 Hammada Tinrhert
11 bei Ta-n-Elaq im Oued Igharghar
12 n. Amguid
13 Ta-n-Afella (Taourirt)
14 etwa 120 km n. Tamanrasset
15 etwa 80 km n. Tamanrasset
16 Assekremrundstrecke
17 Oued Taddâdîne Ahélég
18 Tanezrouft
19 ca. 80 km nnö. Timéiaouîne
20 ca. 40 km nö. Timéiaouîne
21 ca. 40 km ö. Tessalit
22 Wadi ca. 10 km s. Tessalit
23 Wadi bei Tessalit
24 ca. 45 km s. Aguelhok, n. Oued Amu Mellen
25 nördl. Seitenwadi des Oued Amu Mellen
26 ca. 19 km wsw. Berg Chabougane, ca. 60 km wsw. Asler
27 ca. 160 km wsw. Eroug
28 ca. 90 km n. Tombouctou
29 s. Tombouctou am Niger
30 ca. 60 km ö. Tombouctou am Niger
31 bei Bourem
32 s. Gao am Niger
33 ca. 65 km sö. Gao am Niger
34 östl. Kounroum am Niger

Diese Bewertung der Arten wird nur in Hinsicht auf die Westsahara ins Auge gefaßt. Die Gesamtareale verhalten sich recht anders; so sind die Gebirgsarten des Ahaggar Moricandia arvensis und Ephedra major zugleich mediterran, die für die Südsahara und den Sahel als typisch vorgeschlagenen Arten Maerua crassifolia, Balanites aegyptiaca und Salvadora persica gehen nach Danin (1983) weiter im Osten bis zum Jordangraben in nördlicher Richtung.

Eine andere Möglichkeit, die Floristen und Pflanzensoziologen exakter erscheint, ist das Herausgreifen endemischer, d. h. auf ein bestimmtes Gebiet ausschließlich beschränkter Arten beziehungsweise von Charakterarten bestimmter klimatisch oder weiträumig edaphisch bestimmter Pflanzengesellschaften. Beides erscheint mir als nicht unproblematisch. Zum Beispiel läßt sich die Hochgebirgsregion des Ahaggar kaum durch äußerst seltene Reliktendemiten wie Olea laperrini oder Myrtus nivellei mit ihren wenigen Fundorten gut charakterisieren, noch weniger kartieren. Über die Pflanzensoziologie zu einem klaren Ergebnis zu kommen, erscheint mir ebenfalls fraglich. Barry (1982) versucht zum Beispiel auf diese Weise die Südgrenze der Sahara zwischen Adrar des Iforas und Tombouctou zu bestimmen, ein Gebiet, das auch wir besuchten, allerdings auf anderen Routen. Sein "Acacio-Panicion sahélien" unterscheidet sich von seinem "Acacio-Panicion saharien" im wesentlichen nur durch das Hinzukommen von zwei Gräsern, Aristida mutabilis und A. funiculata (in 16 von 25 Vegetationsaufnahmen); 13 Aufnahmen, also etwa die Hälfte, sind aber nur durch diese oder weitere Arten lediglich mit dem Deckungsgrad + (spärlich mit sehr geringem Deckungswert) unterschieden. Dies erscheint mir im Gelände als zu schwierig und unsicher.

Anscheinend bleiben, wie man es auch versucht, stets nur sehr wenige für die Unterscheidung tatsächlich benutzte Arten übrig. Wenn dem aber so ist, würde ich dominante, häufige Arten und unter diesen höhere Holzpflanzen ganz klar vorziehen, da sie erfahrungsgemäß am stärksten vom Großklima abhängen und deshalb großräumig auch am aussagekräftigsten sind.

Viel leichter im Gelände erkennbar ist nach meiner Ansicht das zusätzliche Vorkommen von Maerua crassifolia, Balanites aegyptiaca, Salvadora persica (und Boscia senegalensis) zu der reinen Acacia raddiana-Panicum turgidum-Formation. Gegenüber Barry (1982) würde die Grenze der südlicheren, reicheren Vegetation im Gebiet um Tessalit und Timéiaouîne etwa gleich verlaufen, nördlich Tombouctou aber wohl weiter im Süden liegen.

Aus dem Bereich der Tierwelt könnte meines Erachtens das sehr leicht erkennbare Auftreten von oberirdischen Termitenbauten als Grenzkriterium in Erwägung gezogen werden. Als "Leittiere" - ähnlich den im folgenden vorgestellten wenigen Pflanzenarten - kämen wohl vor allem die Dunkelkäfer (Tenebrionidae) und Reptilien in Frage. Sie finden sich in allen Wüstentypen auch in kleinsten Vegetationsinseln. Die Tenebrioniden sind fast alle flugunfähig und dadurch sehr ortsgebunden. Sie lassen sich mühelos, sowohl tag- wie nachtaktive, mit Barberfallen (in den Boden bis zum Rand eingegrabene kleine Gefäße) in ein bis drei Tagen an einem Ort erfassen. Auch Reptilien sind verhältnismäßig ortsgebunden und durch direkte Beobachtung, Suchen unter Steinen, Untersuchen von Spuren usw. verhältnismäßig leicht für ein Gebiet festzustellen.

Da solche Abgrenzungsprobleme aber bei einem einzigen Nord-Südprofil selbstverständlich nicht annähernd zu lösen sind, sollen die bisherigen Überlegungen dazu genügen.

2. Zu einzelnen Pflanzenarten der Sahara

Eine wenigstens grobe, ökologische Untersuchung der wichtigsten dominanten Arten erscheint mir zunächst als vordringlicher als quantitativ-statistische Untersuchungen der Flora und Vegetation. Der anschließende Teil greift deshalb einige sehr häufige oder interessante Arten heraus und versucht, anhand des Baues einige Hinweise zu ihrer Lebensweise zu geben. Die morphologischen und anatomischen Merkmale sollen dabei nicht umständlich mit Worten beschrieben werden, sondern die Abbildungen sollen für sich sprechen und nur durch einige Angaben ergänzt werden. Außer auf sehr kurze Verbreitungsangaben aus den verschiedensten Florenwerken möchte ich mich dabei aus Platzgründen auf das selbst Beobachtete beschränken. Weitere, allerdings ziemlich spärliche Angaben finden sich in der angegebenen Literatur.

Bei den einzelnen Arten erscheint es mir besser, statt einer Anordnung nach den Lebensformen von Raunkiaer eine Gruppierung nach den Assimilationsorganen, also den Blättern oder assimilierenden Sprossen, zu geben. Die Zuordnung von Wüstenpflanzen zu den Lebensformen von Raunkiaer macht nämlich häufig Schwierigkeiten (Hagerup 1930). Viele Arten können verschiedene Lebensformen annehmen, z. B. Baum- oder Strauchform, Strauchform oder Chamaephyt - je nach den Umständen. Nach der Morphologie der Assimilationsorgane lassen sich die abgebildeten Arten dagegen zwanglos zunächst zu folgenden Gruppen zusammenfassen:

1. Arten mit flächigen, kahlen bis mäßig behaarten Blättern,
2. Arten mit filzig-flockigen oder klebrigen Blättern,

3. Gliedersträucher oder Pflanzen mit im Querschnitt rundlichen Blättern,
4. Rutensträucher,
5. Kugeldornbüsche,
6. Grasartige Pflanzen.

2.1 Arten mit flächigen, kahlen bis mäßig behaarten Blättern

Acacia raddiana Savi (Fig. 1)

(A. tortilis Hayne p.p.)

(Mimosaceae)

Die Gattung Acacia ist wohl die wichtigste Gattung der Savannengebeite Afrikas; Acacia raddiana ist dabei die am weitesten nach Norden gehende Art, denn sie kommt noch am Nordende des Toten Meers vor. Ihr Verbreitungsgebiet reicht vom Senegal bis Arabien, ihr Schwerpunkt liegt aber wohl in der sudanischen Region, sie strahlt aber bis S-Marokko, S-Algerien und S-Tunesien aus. Engler verwendete sie einst zur Abgrenzung der Sahara in einem weiteren Sinn einschließlich des Sahels. Auf unserer Reise war sie die weitaus häufigste Baumart. Schon im Norden des Grand Erg Oriental stand ein einsamer einzelner Baum. Von da ab war sie bis zum Niger die herrschende Baum- oder Strauchart.

Acacia raddiana kann größere, stattliche Bäume bilden wie zum Beispiel im Ahaggar, bleibt aber unter ungünstigeren Bedingungen oft auch niedrig strauchig und ist wohl das anspruchsloseste Gehölz der Sahara. Die zarten Fiederblätter entwickeln sich im Schutz der mächtigen, hellgrauen, paarigen Nebenblattdornen und werden bei Trockenheit abgeworfen. Dennoch bilden die Blätter eine sehr wichtige Nahrung für die Ziegen, die sie geschickt zwischen den Dornen herauszupfen. Die gelblichweißen Blüten der kugeligen Blütenstände fallen durch ihre langen pinselförmigen Staubblätter auf. Die gewundenen Hülsen entlassen die großen, schwarzen Samen nur schwer. Als Brennholz werden bis armdicke Äste abgehauen, zum Beispiel auf weiten Strecken nördlich der Stadt Tombouctou. Völlig abgesägte Bäume sieht man jedoch nicht, da Sägen offenbar im Sahel fast unbekannt sind.

Maerua crassifolia Forsk. (Fig. 2, 3)

(Capparaceae)

ist ein kleiner, oft sehr knorriger Baum mit vielen abgestorbenen Ästen. Neben Acacia raddiana ist sie wohl die anspruchsloseste Baumart der Sahara und erreicht im Norden ebenfalls das Tote Meer, ist aber vielleicht etwas wärmebedürftiger, da sie in der Nordsahara, außer in Marokko, fehlt. Westöstlich erstreckt sich ihr Verbreitungsgebiet vom Senegal bis nach Arabien. Die kleinen graugrünen Blätter sind immergrün und etwas sukkulent. Im Blattquerschnitt ist nur die dickwandige Epidermis mit kaum eingesenkten Spaltöffnungen bemerkenswert. Die hübschen weißen Pinselblüten mit langen Staubfäden werden von Fliegen, besonders Schwebfliegen, gerne besucht. Staubblätter wie Fruchtknoten stehen auf einer verlängerten, stielartigen Achse (Androgynophor), wie es bei Capparaceen häufig ist. Die kleinen wurstartigen Früchte sollen eßbar sein.

Rhus tripartita (Ucria) Grande (Fig. 4)

(Anacardiaceae)

Dieser sehr sparrige, dornige, bis etwa 3 m hohe Strauch hat lederige, dunkelgrüne, dreizählige Blätter, die bei Trockenheit abgeworfen werden können. Sie zeigen außer der sehr verdickten Epidermisaußenwand, in die die Spaltöffnungen nicht eingesenkt sind, kaum xeromorphe Merkmale. Blasige Haare und Sekretgänge sind für die Art typisch, während Calciumoxalatdrusen unter Wüstenpflanzen fast die Regel sind. Diesen schon etwas anspruchsvolleren Strauch sahen wir auf unserer Route nur in Wadis im Ahaggar. Er kommt nach Norden bis Palästina und Sizilien vor.

Balanites aegyptiaca Del. (Fig. 5, 6, 7)

(Zygophyllaceae oder besser als eigene Familie Balanitaceae)

Dieser Baum zählt mit Acacia raddiana und Maerua crassifolia zu den anspruchslosesten Baumarten. Sein Verbreitungsgebiet reicht von Mauretanien über die Zentralsahara bis nach Ägypten, Arabien und Indien. Nach Norden stößt der Baum bis zum mittleren Jordantal vor. Von weitem sieht er mit seinen überhängenden Ästen etwas einer Trauerweide ähnlich. In der Wüste zeigt er sich das ganze Jahr über blattlos, dort assimiliert er mit seinen grünen Zweigen und den starr abstehenden, bis 10 cm langen Dornen und bildet höchstens vorübergehend kleine Blättchen. In der Savannenregion entwickelt er dagegen ziemlich große Blätter und viel kürzere Dornen. Da sowohl Blätter wie Dornen für die Assimilation wichtig sind, wurden beide in mikroskopischen Schnitten dargestellt. Die Dornen besitzen eine extrem dicke Epidermis mit tief eingesenkten Spaltöffnungen und darunter ein sehr gut entwickeltes, mehrschichtiges Assimilationsparenchym. Steinzellen und Bastfaserstränge tragen neben dem zentralen Holzteil zur Festigung der furchterregenden Dornen bei. Von den großen terpentinartig riechenden, gelben Früchten soll der ölhaltige Samen eßbar sein. Nach Engler dienen die Früchte und Wurzeln als Seife, die Blätter als Würze, und das harte, goldbraune Holz wird als wertvolles Nutzholz geschätzt. Der Baum stellt also eine der wertvollsten Wildpflanzen der Sahara und des Sahels dar und wird anscheinend auch von den Bewohnern möglichst geschont, so daß öfters auch fast reine Bestände zu finden sind.

Salvadora persica Garcin (Fig. 8, 9)

(Salvadoraceae)

Diese ebenfalls recht anspruchslose Strauch- oder Baumart ist sehr weit verbreitet: vom Senegal durch die Zentralsahara (zum Beispiel im Hoggar beobachtet), Südsahara über Ägypten, Arabien (nordwärts bis ins Jordantal), Persien, Indien bis N-Ceylon. Im Süden geht sie bis nach SW-Afrika. Die Pflanze ist oft niederliegend und mehrstämmig und erträgt Übersandung sehr gut mit dieser Wuchsart. Die Endtriebe sind of überhängend und können, an andere Pflanzen angelehnt, auch etwas klettern. Die großen, frischgrünen, ledrigen Blätter riechen nach Kresse und können als Salat zubereitet werden. Im mikroskopischen Querschnitt liegen unmittelbar unter der Epidermis riesige Calciumoxalatdrusen. Zellgruppen von dickwandigem, getüpfeltem Parenchym machen das ganze Blatt sehr zäh. Die Spaltöffnungen sind kaum eingesenkt. Auffallender als die kleinen grünlichen Blüten sind die Fruchtstände mit erst weißen, dann purpurroten Beeren. Junge Zweige sollen in vielen Gegenden als Zahnbürsten mit antibakterieller Wirkung dienen.

Boscia senegalensis Poir. (Fig. 10, 11)

(B. octandra Hochst.)

(Capparaceae)

Dieser meist breite, verhältnismäßig großblättrige Strauch ist schon etwas anspruchsvoller als die vorangehenden Arten. Er kommt von Mauretanien bis nach Abessinien vor und stößt auch bis zum Süd-Ahaggar vor. Sein Schwerpunkt liegt aber in der trockenen sudanischen Savannenregion. Die dick ledrigen, oben dunkelgrünen, unten graugrünen Blätter zeigen im mikroskopischen Querschnitt vertiefte Spaltöffnungen und ein mehrschichtiges, gut entwickeltes Palisadenparenchym. Am auffallendsten aber sind die vielen unregelmäßigen Sklereiden (einzelne Festigungszellen), von denen viele wie von der Epidermis nach innen gewachsene, fast das ganze Blatt durchsetzende dicke, steife Haare aussehen. Die grünlichen Blüten haben, wie bei Capparaceen üblich, einen gestielten Fruchtknoten (Gynophor). Die wenig saftige, rauhe Frucht wird etwa kirschgroß.

Calotropis procera (Aiton) Aiton fil. (Fig. 12)

(Asclepiadaceae)

Die wenig verzweigte, etwas steif aussehende Pflanze bildet einen bis 4 m hohen Strauch oder kleinen Baum und ist über ein riesiges Gebiet verbreitet, das vom Senegal bis nach Palästina (dort im Jordantal bis zum See Genezareth), Arabien und bis zum Dekkan reicht. Im Süden ist sie - anders als die meisten Gehölze der Sahara - im ganzen afrikanischen Savannengebiet verbreitet, auch in Ostafrika. Die sehr großen, ledrigen, regelmäßig kreuzgegenständigen Blätter sind grau- bis blaugrün und wachsig bereift. Der sehr lockere, federleichte, schwammige Kork bildet an älteren Stämmen einen zentimeterdicken Mantel. Einen offenbar sehr wirksamen Schutz bildet der bei Verletzung reichlich fließende, giftige Milchsaft. Wegen der Blütenstände mit wachsblumenartigen weißlichen Blüten mit violetten Flecken wird die Art öfters auch als Zierstrauch kultiviert. Ich sah auch verschiedentlich kleine Anpflanzungen, ab dem Ahaggar die einzigen von einem nicht Nahrung spendenden Baum. Die langen, seidigen Haare der Samen, die sich reichlich in den großen Früchten entwickeln, sollen als Polstermaterial dienen.

Solenostemma arghel (Del.) Hayne (Fig. 13)

(Asclepiadaceae)

Diese von der Zentralsahara bis zum tropischen Afrika, Arabien und Palästina verbreitete Art ist eine kleine, sehr reichlich Milchsaft führende Pflanze mit etwas fleischigen, matten, graugrünen Blättern. Diese sind mehr oder weniger äquifacial gebaut und besitzen extrem dicke Epidermisaußenwände und Calciumoxalatdrusen mit kugeligem, andersartigem Kern. Die Blüten sind weiß; viel auffallender aber sind die unregelmäßig dunkel gezeichneten grünlichen Früchte. Die Pflanze ist wie alle Asclepiadaceen, die in der Sahara gut vertreten sind, durch Alkaloide sehr giftig und bleibt deshalb unverbissen von Tieren.

Cassia italica (Mill.) Lam. (Fig. 14)

(C. obovata Colled.)
(Caesalpiniaceae)

Dieser kleine, nur bis etwa 30 cm hohe, zarte Halbstrauch kommt vom Senegal bis NW-Indien vor. Der Name ist irreführend, es ist eine typisch tropische Art, die schon der Nordsahara fehlt. Auffälligere Blüten sind selten unter den

Saharapflanzen, um so mehr fällt diese Art daher durch die leuchtend gelben Blüten und die kartondünnen Hülsen auf. Nur zwei der zehn Staubblätter sind gut entwickelt. Die ganze Pflanze ist graugrün durch eine kurze Behaarung und hat paarig gefiederte Blätter wie fast alle Caesalpiniaceen.

Moricandia arvensis DC. (Fig. 15)

(Brassicaceae)

Im Ahaggar bildet diese Art ausgedehnte Bestände in der Hochgebirgsregion des Assekrem auf Steinschutt. Die Art ist sehr variabel, im Mittelmeergebiet meist nur einjährig, bildet sie am Assekrem am Grunde verholzte, bis 1,5 m hohe Pflanzen mit etwas fleischigen, graugrünen Blättern und lila Blüten. Im Gegensatz zu der etwas ähnlich aussehenden Schouwia purpurea sind die Früchte schmale, lineale Schoten. Die äquifacial gebauten Blätter besitzen beiderseits wenig eingesenkte Spaltöffnungen, die Schließzellen bilden mit den sehr ungleich großen Nebenzellen ein charakteristisches Muster (anisocytischer Spaltöffnungstyp). Unter den Epidermen fallen große Myrosinzellen auf, deren Enzym Myrosin aus den Senfölglucosiden bei Verletzung scharf riechende und schmeckende Senföle freisetzt.

Schouwia purpurea (Forsk.) Schweinf. (Fig. 16)

(Brassicaceae)

Diese einjährige, frischgrüne Art ist eine typische Wüstenpflanze der Zentralsahara, die nach kräftigeren Niederschlägen eine überraschend üppige und dichte, bis 1 m hohe Vegetation bilden kann. Die Früchte sind im Gegensatz zu Moricandia platt gedrückte, geflügelte, kurze Schötchen.

Citrullus colocynthis Schrad. (Fig. 17)

(Colocynthis vulgaris (L.) Schrad.)
(Cucurbitaceae)

Die Koloquinthe erreicht Europa in S-Spanien, Sizilien und Griechenland und ist von den Kanaren durch N-Afrika bis nach Zentralindien verbreitet. Die Pflanze läßt sich kaum in eine der bekannten Lebensformen einreihen. Die mächtige, weiße, rettichartige Pfahlwurzel kann viel Wasser speichern, die lang kriechenden, saftigen Triebe sind unter den Wüstenpflanzen ganz ungewöhnlich, noch mehr die tennisballgroßen, gelben, saftigen Beerenfrüchte, die in großer Zahl auf dem Sand liegenbleiben, wenn die krautigen Triebe längst abgestorben sind. Da die Früchte äußerst bitter schmecken und abführend wirken, werden sie auch von Tieren trotz ihres Saftreichtums wohl nur im Notfall gefressen. Die Koloquinthe ist wohl eine der wenigen Pflanzen, bei der eine Kühlung durch Transpiration eine größere Rolle spielt. Doch schließt auch sie bei Wassermangel die Spaltöffnungen. Die Kühlung wirkt also nur, solange Wasser im Überfluß vorhanden ist.

2.2 Arten mit filzig-flockigen oder klebrigen Blättern

Pergularia tomentosa L. (Fig. 18)

(Daemia cordata R. Br.)

(Asclepiadaceae)

Dieser kleine, etwa bis 60 cm hohe Halbstrauch kommt in der ganzen Sahara vor und geht bis nach Arabien (bis südlich des Toten Meers), Persien und den Trockengebieten Indiens. Die Pflanze ist sehr anspruchslos und kam auch noch an sonst weit und breit pflanzenleeren Orten in der Tanezrouft in sandigen kleinen Senken vor. Die Triebe sind verhältnismäßig schwach und rechtswindend, oft ältere, schon härtere Zweige umwindend, und entspringen einer fleischigen, sehr tief gehenden Pfahlwurzel. Die Pflanze besitzt graugrüne, weich filzig behaarte Blätter mit nicht eingesenkten, aber unter dem Haarfilz gut verborgenen Spaltöffnungen und ganz unregelmäßig verteilte Milchröhren, aus denen bei Verletzung giftiger Milchsaft austritt. Die Blüten sind grünlich bis purpurn mit weißem Krönchen. Sehr auffallend sind die stacheligen Früchte mit ihren Samen, die seidige Flughaare tragen.

Chrozophora brocchiana Vis. (Fig. 19, 20)

(Euphorbiaceae)

Der 0,5 - 1 m hohe, meist einstämmige Halbstrauch kommt in Sandgebieten allein oder mit Citrullus colocynthis oder Schouwia purpurea häufig vor. Das Verbreitungsgebiet reicht durch die ganze Zentral- und Südsahara von Mauretanien bis zum Roten Meer. Die gesamte Pflanze ist von einem dicken, grauen, flockigen Filz vollständig eingehüllt. Unter dem Mikroskop erweist dieser sich als eine Vielzahl sehr großer Sternhaare mit mehrreihigem Stiel. Die Haare übertreffen den Blattquerschnitt mehrmals an Ausdehnung. Von den weiblichen Blüten sind nur sechs dunkelrote Narbenäste zu sehen; deutlicher sind die nicht behaarten, grubig punktierten Früchte zu erkennen.

Aerva javanica (Burm. fil.) Schult. (Fig. 21, 22)

(A. persica (Burm. fil.) Merill; A. tomentosa Forsk.)

(Amaranthaceae)

Im Gegensatz zu der wenig auffallenden Chrozophora brocchiana ist Aerva javanica ein zierlicher, in der Wüste meist nur fußhoher, wenigstens am Grund verholzter Halbstrauch mit zickzackförmig hin- und hergebogenen Zweiglein. Er ist völlig von schneeweißem Filz bedeckt und scheint gar nicht lebend zu sein. Die Pflanze ist von Mauretanien bis nach Arabien und Indien verbreitet, fehlt aber der Nordsahara und erreicht im S-Sinai schon ihre Nordgrenze. Auf Java kommt die Pflanze, wie der Name vermuten ließe, keinesfalls vor. Aerva javanica ist extrem anspruchslos und kann auf sandigen Ebenen, wo sonst kaum andere Pflanzen noch wachsen, mit sehr entfernt stehenden Sträuchlein die ganze, sehr spärliche Vegetation darstellen. Der Filz besteht aus toten, mit Luft gefüllten Haaren mit welligen Querwänden und einem dünnen, leicht abbrechenden Stielchen. Von Ziegen wird die Pflanze verschont. Die auffälligen parenchymatischen Leitbündelscheiden (Kranztyp) weisen auf eine C_4-Pflanze hin. Die Spaltöffnungen unter dem Haarfilz sind völlig normal gebaut.

Pulicaria undulata (L.) DC. (Fig. 23)

Das kleine einjährige Kraut mit hübschen, gelben Korbblüten ist vom Senegal bis nach Arabien verbreitet. Es ist sehr stark mit klebrigen Drüsenhaaren besetzt und riecht sehr streng nach Kamille. Von Ziegen wird es deshalb verschont.

2.3 Gliedersträucher oder Pflanzen mit im Querschnitt rundlichen Blättern

Anabasis articulata Moq. (Fig. 24)

(Chenopodiaceae)

Der bis etwa 1 m hohe Strauch hat ein sehr großes Verbreitungsgebiet. Er tritt in der ganzen Sahara, häufig aber vor allem in der Nordsahara auf und geht bis nach Syrien und ins Jordantal und kommt sogar in S-Spanien vor. Der Boden, auf dem er wächst, ist meist steinig bis sandig, darf aber auch salzhaltig sein. Die aus kurzen, zylindrischen Gliedern zusammengesetzten Triebe sind hell blaugrün und schwach sukkulent. Im mikroskopischen Querschnitt wird das großzellige Wasserspeichergewebe sehr deutlich, das überaus viele Calciumoxalatdrusen enthält. Die Spaltöffnungen sind sehr tief eingesenkt. Charakteristisch sind die häutig geflügelten Früchte, die durch den Wind sehr gut verbreitet werden.

Cornulaca monacantha Del. (Fig. 25)

(Chenopodiaceae)

Diese Art ist eine der verbreitetsten und anspruchslosesten Pflanzen der Sandwüsten der ganzen Sahara. Die Blätter sind gegenüber Anabasis articulata noch gut sichtbar als sichelförmig gekrümmte dornige Gebilde. Durch sie wird der bleiche, halbkugelige Strauch zu einer wehrhaften, dichten Stachelkugel, in der sich der Sand leicht verfängt. Schließlich bildet sich ein kleiner Sandhügel, der durchwachsen bleibt von den Ästen des Strauchs. Wenn er allmählich immer höher wird, sterben schließlich die innersten Zweige ab. Nach dem völligen Absterben der gesamten Pflanze wird der Sandhügel wieder vom Wind eingeebnet.

Im mikroskopischen Bau ist ein Wasserspeichergewebe sichtbar, Zellen mit Calciumoxalatdrusen bilden eine fast durchgehende Schicht unter der Epidermis, die Spaltöffnungen sind eingesenkt. Besonders merkwürdig ist das anomale Dickenwachstum schon jüngster Triebe. Außerhalb der ursprünglichen Leitbündel entsteht sogleich ein neuer Kambiumring, der die Leitbündel mit weiterem Xylem umschließt.

Zygophyllum spec. (Fig. 26)

(Zygophyllaceae)

Die Gattung Zygophyllum enthält mehrere, nur an den Früchten gut unterscheidbare Arten. Es sind meist salzertragende Sträucher, die in der N-Sahara sehr häufig sind. Auf den ersten Blick sind die Blätter, die aus einem runden Stielglied und zwei ähnlich gestalteten walzlichen Blättchen bestehen, kaum als solche zu erkennen. Im mikroskopischen Querschnitt durch ein Blättchen zeigen sich dicht stehende Gabelhaare, die vielleicht zur Aufnahme von Tau dienen könnten, eingesenkte Spaltöffnungen, sehr reichlich Calciumoxalatdrusen und ein Wasserspeichergewebe mit derben, getüpfelten Wänden.

Limoniastrum guyonianum Dur. (Fig. 27)

(Plumbaginaceae)

Dieser kleine Strauch auf Salzböden der algerischen und tunesischen Nordsahara hat dünne, lineale, im Querschnitt ovale Blätter. Schon mit bloßem Auge kann man die punktförmigen, mit weißem Salz bedeckten Salzdrüsen erkennen, die für die ganze Familie charakteristisch sind. Weiter zeigt das Mikroskop aber im Blattquerschnitt versenkte Spaltöffnungen, Sklereiden und die für C_4-Pflanzen typischen parenchymatischen Leitbündelscheiden.

2.4 Rutensträucher

Lygos raetam (Forsk.) Heywood (Fig. 28, 29)

(Retama raetam (Forsk.) Webb)

(Fabaceae)

Bezeichnend für Rutensträucher ist das Fehlen der Blätter. Zumindest sind diese sehr stark reduziert oder hinfällig. Die Assimilation übernehmen die grünen Triebe. Lygos raetam ist eine typische Pflanze der Dünen der Nordsahara und ist bis nach Palästina verbreitet, ja erreicht sogar an der Südküste Siziliens Europa. Zwei verwandte Arten kommen auch in Spanien vor und weisen auf eine mediterrane Herkunft der Art. Über große Strecken ist der besenförmige, bis etwa 3 m hohe Strauch mit seinen dünnen, elastischen Rutenzweigen die beherrschende Pflanzenart. Im Gegensatz zu den meisten anderen Sandpflanzen sammelt sich wegen des geringen Widerstands um den Fuß des Strauches kein Sand. Die gefurchten Triebe sind anfangs grau behaart, später bleiben die Haare nur in den Furchen erhalten. Blühend ist der Strauch mit seinen Büscheln weißer Schmetterlingsblüten an den dünnen Trieben eine wahre Zierde der Dünen, und im zeitigen Frühjahr gelangen blühende Zweige auch in die Blumengeschäfte bei uns.

Das Bild des mikroskopischen Sproßquerschnitts ist sehr kompliziert. Die Epidermisaußenwände sind extrem verdickt, wohl als Schutz gegen Sandschliff. In den behaarten, tiefen Furchen finden sich gut geschützt die Spaltöffnungen und darunter gute ausgebildete Assimilationsparenchyme. Verstreute, unverholzte Baststränge und der kleine, zentrale Leitbündelring ergeben eine sehr biegsame, elastische Struktur der Zweige.

Calligonum comosum L'Hér. (Fig. 30, 31)

(Polygonaceae)

Dieser in Sandwüsten verbreitete, bis 3 m hohe, völlig blattlose Strauch sieht mit seinen kahlen, grauen Zweigen wie abgestorben aus. Wie Lygos raetam fängt er keinen Sand und wird deshalb auch nicht überweht, aber wegen seines viele Meter dicht unter der Bodenoberfläche streichenden Wurzelsystems auch nicht ausgeweht. Da er anscheinend auf diese Art das Oberflächenwasser von einer sehr großen Fläche ausnutzen kann, wächst er auch auf den Hängen großer Dünen, wo er wohl viel als Brennholz abgeholzt wurde. Im mikroskopischen Querschnitt durch die Triebe zeigen sich nicht versenkte Spaltöffnungen, elastische Hartbaststränge zur Festigung der Zweige sowie viele Calciumoxalatdrusen und ein großzelliges Wasserspeichergewebe.

Pithuranthos scoparius Benth. et Hook. (Fig. 30, 32)

(Deverra scoparia Coss. et Dur.)

(Apiaceae)

Auch dieser in der Nordsahara sehr verbreitete, kniehohe bis meterhohe Rutenstrauch sieht wie dürr aus. Im Ahaggar bildet er etwa in 2100 m Höhe in Einschnitten größere Bestände auf steinigem Untergrund. Der mikroskopische Sproßquerschnitt zeigt ein filigranes Wunderwerk bei dieser äußerlich so unscheinbaren Pflanze. Das sehr regelmäßige Muster der Baststränge bestimmt mit den durch Sklerenchym verbundenen Leitbündeln das Bild. Über jedem Leitbündel liegt ein großer Sekretgang mit ätherischen Ölen, von denen der intensive Dillgeruch beim Brechen der Pflanze herrührt. Die Spaltöffnungen sind kaum eingesenkt.

Ephedra major Host (Fig. 33)

(Ephedraceae)

Dieser kleine buschige, dunkelgrüne, etwas binsenartig aussehende Rutenstrauch ist im Mittelmeergebiet weit verbreitet, kommt aber in der Sahara in den Hochgebirgen, dem Sahara-Atlas, dem Anti-Atlas und im Ahaggar noch vor, wo wir ihn in 2700 m Höhe auf dem Assekrem antrafen. Die völlig isoliert stehende Gymnospermengattung hat Spaltöffnungen wie Coniferen, eine sehr dicke Epidermis und verstreute Baststränge im Sproßquerschnitt.

Randonia africana Coss. (Fig. 34)

(Resedaceae)

Das kleine, wenige Dezimeter hohe, unauffällige, wie abgestorben aussehende Sträuchlein ist in der Nordsahara von Algerien bis nach Tripolitanien recht häufig. Es ist eine Art der Steinwüsten mit einer tiefen Pfahlwurzel und war in kleinen Vegetationsinseln in flachen Mulden in der Hammada Tinrhert die häufigste Art. Die gefältelte Epidermisaußenwand und das lockere Assimilationsparenchym sind die auffälligsten Merkmale des Sproßquerschnitts.

Leptadenia pyrotechnica (Forsk.) Dec. (Fig. 35, 36)

(Asclepiadaceae)

Auch dieser meist nur bis 2 m hohe Rutenstrauch mit hellen Zweigen bildet höchstens verkümmerte Blätter aus. Hauptsächlich in der Zentral- und Südsahara vorkommend, reicht sein Verbreitungsgebiet vom Senegal bis nach Arabien (von dort bis zum Toten Meer) und den Trockengebieten Indiens. Er bevorzugt Sandgebiete und kann dort, ähnlich wie Lygos raetam in der Nordsahara, Reinbestände bilden, mischt sich aber auch der sandigen Akaziensavanne bei. Unter den 2 bis 3 Schichten der Epidermis und Hypodermis liegen Zellen mit Kieselsäurekristallen, unverholzte Hartbastbündel und Milchröhren als bemerkenswerte Zelltypen. Wie üblich bei Asclepiadaceen, findet sich auch ein markständiges Phloem. Auch im Mark sind viele Milchröhren verteilt.

2.5 Kugeldornbüsche

Zilla spinosa (L.) Prantl (Fig. 37, 38)

(Brassicaceae)

Der sehr charakteristische Strauch ist von Marokko bis nach Palästina verbreitet. Mit ihren praktisch blattlosen grünen Trieben könnte man die Art auch zu den Rutensträuchern zählen, die ja ebenfalls mit ihren Trieben assimilieren. Bei Zilla spinosa laufen jedoch alle Triebe sehr starr in scharfe Dornen aus, und durch die wiederholt gabelige Verzweigung bildet sich schließlich ein von Dornen starrender, bis 1,5 m hoher, halbkugeliger Strauch. Die dornigen Zweige sind matt hell-blaugrün und etwas wachsig bereift. Sie besitzen eine sehr derbe Epidermis und Leitbündel, die in einen Sklerenchymring eingebettet sind. Die hübschen, lilanervigen Blüten und die rundlichen, sich nicht öffnenden Früchte sind durch die überstehenden Dornen gut geschützt. Trotz der sehr unangenehmen Dornen soll der Strauch ein gutes Kamelfutter sein. Wie wirksam Schutzeinrichtungen tatsächlich sind, zeigt immer erst die Beobachtung der Tiere.

2.6 Grasartige Pflanzen

Panicum turgidum Forsk. (Fig. 39)

(Poaceae)

Von einkeimblättrigen Pflanzen sei nur diese eine Art kurz vorgestellt. Panicum turgidum ist das wohl häufigste und anspruchsloseste Gras der Sahara, das vom Senegal bis nach Arabien und Indien verbreitet ist, in der Nordsahara aber seltener auftritt. Es ist ein derbes, großes Horstgras, sehr stark verholzt und dennoch fast überall stark verbissen, da die jungen Triebe und Blätter trotz ihrer Derbheit noch gern gefressen werden. Durch seine Häufigkeit und weil überhaupt nur wenige Arten in der Sahara von den Weidetieren gefressen werden können, ist es wohl außerhalb der Oasen die wichtigste Futterpflanze der Tiere.

Im mikroskopischen Bau fällt zunächst die ungewöhnlich starke Verholzung der Halme auf. Die Spaltöffnungen sind kaum eingesenkt, weisen aber eine extreme Form des wirksamen Gramineenspaltöffnungstyps auf. Eine sehr derbe Epidermis und Baststränge umrahmen die Assimilationsgewebe. Die Hauptfestigkeit rührt aber von einem starken Sklerenchymring her, in den kleinere Leitbündel eingelagert sind. Die Halme sind nicht hohl wie bei den meisten Gräsern, in dem Grundgewebe im Innern liegen weitere, größere Leitbündel. Die ebenfalls assimilierenden Blattscheiden haben nur an ihrer ungeschützten Außenseite extrem dicke Epidermisaußenwände. Ihre Leitbündel besitzen parenchymatische Leitbündelscheiden, wie es für C_4-Pflanzen typisch ist.

Schon die wenigen Beispiele zeigten, daß bei den an extreme Standorte angepaßten Pflanzenarten kaum Verallgemeinerungen möglich sind, weder was ihre Lebensform, ihre Anatomie, noch höchstwahrscheinlich auch, was ihre Ökologie betrifft. Ja von Mitteleuropa bis zum Sahel ist es offenbar gerade die Regel, daß, je extremer ein Lebensraum wird, desto verschiedenartigere Typen von Organismen zusammen auftreten. Während etwa in Mitteleuropa die meisten Laubbäume nach ihrer Blattanatomie oft kaum zu unterscheiden sind, auch die Gehölze der kanarischen Lorbeerwälder noch recht ähnlich sind, finden wir unter den mediterranen Bäumen und Sträuchern schon sehr vielfältige Lebensformen und sehr unterschiedlichen mikroskopischen Bau. Bei den Pflanzen der Sahara stellt fast jede untersuchte Art einen eigenen Typ dar. Dies mag auch daran liegen, daß die Flora der Sahara zum großen Teil aus Einstrahlungen der anspruchslosesten Arten der Nachbargebiete besteht, dem Mediterrangebiet, der sudanischen Savannenregion und den Wüsten und Halbwüsten der irano-turanischen Region. So sind in der artenarmen Flora der Sahara verhältnismäßig viele verschiedene Familien und Gattungen vertreten. Für die Herausbildung sehr artenreicher Gattungen hat offenbar im Gegensatz zu Südafrika und Australien die Zeit nicht ausgereicht.

Der Bau von Wüstenpflanzen wird oft einfach verallgemeinert als xeromorph bezeichnet. Die Pflanzen sind zwar sicher alle sehr gut an Trockenheit angepaßt, aber dem entspricht keineswegs ein einheitlicher Bau. Man wird daher besser nur von xeromorphen Merkmalen sprechen, von denen keines bei allen "xeromorphen" Arten vorkommt. Vielmehr sind in unvorhersehbarer Weise xeromorphe Merkmale in unterschiedlichster Weise kombiniert.

Eine dicke Cuticula ist gar nicht sehr häufig bei Xerophyten, unter den Beispielarten zum Beispiel bei Anabasis articulata, Cornulaca monacantha und Calligonum comosum; lediglich dicke cutinisierte Schichten treten zum Beispiel bei Ephedra major und Leptadenia pyrotechnica auf. Offenbar kann auch eine dünne Cuticula die Transpirationsverluste schon wirksam einschränken, so daß eine auffallend dicke Cuticula oft wohl eher als mechanische Schutzschicht, etwa gegen Sandschliff, gedeutet werden könnte. Bei cutinisierten Schichten ist dies wohl ziemlich sicher, da sie für Wasser durchlässig sind.

Dicke Epidermisaußenwände traten bei fast allen untersuchten Arten auf. Sie bedeuten eine mechanische Versteifung der Blätter und bewahren sie vor Verformung bei Wasserverlust, schützen sie aber auch bei Abrieb etwa durch Flugsandkörper.

Tote Haare sind sehr häufig, doch finden sich extrem filzig-flockige Arten wie Aerva javanica und Chrozophora brocchiana häufig dicht neben Arten ohne auffällige Behaarung. Ein besserer Strahlungsschutz gegen Überhitzung oder Austrocknen scheint deshalb kaum zu bestehen, dagegen werden solche extrem filzigen Arten überhaupt nicht verbissen, da solche Blätter schwer verdaulich sind und der Haarfilz sich zu gefährlichen Klumpen im Magen und Darm zusammenballen kann. Außerdem wird beim Kauen solcher Blätter sehr viel Speichel verbraucht. Ein dicker Haarmantel bildet auch einen guten Schutz gegen Sandschliff.

Auffallend glänzende, reflektierende Oberflächen als Strahlungsschutz sind bei Mittelmeerpflanzen nicht selten, bei Saharapflanzen fehlen sie praktisch; der allgegenwärtige Sandstaub würde solche Oberflächen in kurzer Zeit aufrauhen und matt werden lassen.

Dagegen finden sich Wachsüberzüge häufig, zum Beispiel bei Calotropis procera und Moricandia arvensis. Sie können sehr rasch nachgebildet werden.

Eingesenkte Spaltöffnungen werden oft als allgemeines Merkmal von Xerophyten angegeben. Sie kamen zwar bei vielen Arten vor, aber auch bei sonst typischen Xerophyten traten nicht eingesenkte Spaltöffnungen auf, so daß eine Deutung sehr schwierig ist.

Die Art der Assimilationsparenchyme mit oft mehrschichtigem Palisadenparenchym ist nicht eine typisch xeromorphe Eigenschaft, sondern charakteristisch für Lichtpflanzen, was extreme Xerophyten bei ihrem weiträumigen Stand auch immer zugleich sind.

C_4-Pflanzen sind wahrscheinlich unter den Saharapflanzen häufig. Von den untersuchten Pflanzen weisen Aerva javanica, Limoniastrum guyonianum und Panicum turgidum große parenchymatische Leitbündelscheiden auf (Kranztyp), die für C_4-Pflanzen charakteristisch sind. Die Photosynthese bei C_4-Pflanzen ist besonders gut an heiße und trockene Standorte angepaßt.

In der Sahara fehlen zwar ausgesprochene Sukkulenten praktisch ganz, doch gibt es zahlreiche Arten mit deutlichen Wasserspeichergeweben, zum Beispiel Anabasis articulata und Cornulaca monacantha. Etwas fleischige Blätter sind häufig. Auf stärker salzhaltigen Böden können die großen Vakuolen überschüssiges Salz aufnehmen. Aktiv ausgeschieden wird Salz nur von Tamarisken und Plumbaginaceen durch besondere Salzdrüsen.

Dagegen werden bei den meisten Arten wenigstens Calcium-Ionen als Calciumoxalat in eigenen Kristallzellen abgeschieden. Obwohl diese Kristalle beim Kauen wie Sand knirschen, bieten sie nur bei großer Menge auch einen Fraßschutz gegen Wiederkäuer.

Fast allgemein ist reichlich Festigungsgewebe in den Blättern entwickelt, jedoch auf recht unterschiedliche Art, nämlich durch unverholzte Baststränge, durch einzelne Festigungszellen (Sklereiden) oder auch durch dickwandiges Parenchym. Alle diese Zellen verhindern bei den Xerophyten eine Verformung der Blätter beim Welken.

Weitere sehr entscheidende Baueigentümlichkeiten der Wüstenpflanzen sind leider nur sehr viel schwieriger festzustellen, nämlich die Art des Wurzelsystems. Verbreitet sind mächtige, sehr tiefgehende Pfahlwurzeln. Doch selbst bei sehr niedrigen Pflänzchen lassen sich die Wurzeln kaum ausgraben. Meist machen sie ein Vielfaches der Masse der oberirdischen Teile aus. Die riesige, weiße, rettichartige Wurzel von Citrullus colocynthis kann eine beträchtliche Menge Wasser speichern. Es gibt also keinen allgemein xeromorphen Bau, sondern fast jede Art löst das Problem des sparsamen Wasserhaus-

Tab. 3: Fraßschutzeinrichtungen häufiger Saharapflanzen

Dornen	Blätter Nebenblätter Sproßdornen	Cornulaca monacantha Acacia raddiana Fagonia bruguieri Maerua crassifolia Balanites aegyptiaca Rhus tripartita Randonia africana
Sklereiden		Boscia senegalensis
Filzhaare		Chrozophora brocchiana Aerva javanica
Calciumoxalatdrusen		fast allgemein verbreitet
Kieselsäure		Panicum turgidum
Alkaloide und Milchsaft		Nerium oleander Pergularia tomentosa Solenostemma arghel Leptadenia pyrotechnica Calotropis procera
Alkaloide		Lygos raetam Hyoscyamus muticus ssp. falezlez Ephedra major
ätherische Öle und Harze		Pithuranthos scoparius Artemisia judaica Pulicaria incisa, undulata Pentzia monodiana Rhus tripartita Balanites aegyptiaca
Senföle		Zilla spinosa Malcolmia arvensis Schouwia purpurea Randonia africana Maerua crassifolia Boscia senegalensis
Bitterstoffe		Citrullus colocynthis
Emetine		Rhus tripartita
Antrachinone		Calligonum comosum
scharf schmeckende Rinde		Salvadora persica
Gerbstoffe		Acacia raddiana und viele andere Arten
Salz		Salsola foetida Tamarix spec. Limonium guyonianum Zygophyllum spec. Anabasis articulata

halts auf ihre Art.

Noch weniger läßt sich etwas Allgemeines über Fraßschutzeinrichtungen sagen. Die verschiedensten mechanischen Mittel, Dornen und Stacheln, Kristalle und Haarfilz sowie chemische Mittel, übel schmeckende oder giftige Stoffe, kommen in unterschiedlichsten Kombinationen vor. Ein Großteil der Pflanzenarten ist vor Wiederkäuern und Nagetieren vollkommen geschützt und wird nicht angerührt. Es findet sich kaum eine Art, die nicht durch eines oder mehrere Schutzmittel wenigstens einen gewissen Schutz genießt, eine Erscheinung, die auch schon für mediterrane Garriguen zutrifft. Die Auslese durch Weidetiere ist sicherlich neben der Trockenheit der wichtigste Umweltfaktor für die Saharapflanzen. Allein durch den Geruch oder durch mikroskopische Untersuchung leicht feststellbare Fraßschutzeinrichtungen seien deshalb wenigstens in Form einer Liste für einige häufige Arten zusammengestellt (Tab. 3).

Ohne lange Beschreibung - einfach beim Vergleich der Abbildungen - dürfte, zum Beispiel an den so einförmig aussehenden Trieben der Rutensträucher, deutlich geworden sein, daß sich unter einem sehr einheitlich erscheinenden Bau anatomisch sehr verschiedenartige Strukturen verbergen können, die auch ökologisch verschieden gedeutet werden können. Lebensformenspektren sind deshalb nur eine grobe Aussage über Anpassungserscheinungen an bestimmte Umweltfaktoren. Wesentlich verfeinert werden kann die Aussage durch zusätzliche, ebenfalls nicht sehr aufwendige anatomische Untersuchungen.

Literatur

Es sind hier nur einige Standardwerke und unmittelbar für ergänzende Angaben verwendete Bücher angeführt, nicht aber Floren für Verbreitungsangaben.

Barry, J. P.: La frontière méridionale du Sahara entre l'Adrar des Iforas et Tombouctou. - Ecologia Méditerranea. Tome VIII, fasc. 3, Marseille 1982, p. 99-124.

Danin, A.: Desert Vegetation of Israel and Sinai. - Jerusalem 1983.

Dittrich, P.: Biologie der Sahara. - 2. Aufl. München 1983.

Engler, A.: Die Pflanzenwelt Afrikas, Bd. III, 1 (1915), Bd. III, 2 (1921). - Leipzig.

Hagerup, O.: Étude des Types biologiques de Raunkiaer dans la Flore autour de Tombouctou. - Biologiske Meddeleser IX, 4, Kobenhavn 1930.

Metcalfe, C. R. & L. Chalk: Anatomy of the Dicotyledons. Vol. 1, 2. - Oxford 1950.

Meusel, H., E. Jäger & E. Weinert: Vergleichende Chorologie der zentraleuropäischen Flora. - Jena 1965.

Ozenda, P.: Flore du Sahara. - 2. Aufl. Paris 1983.

Quezel, P.: La Végétation du Sahara. - Stuttgart 1965.

Sabins, T. A.: The Physiological Anatomy of the Plants of the Indian Desert. - Journal of Indian Botany, Vol. 1, 2, 1919-21. Reprint Patna 1975.

Volkens, G.: Die Flora der aegyptisch-arabischen Wüste auf Grundlage anatomisch-physiologischer Forschungen dargestellt. - Berlin 1887.

Anschrift des Autors: Dr. Erich Götz, Institut für Botanik der Universität Hohenheim, Garbenstraße 30, D-7000 Stuttgart 70

Alphabetisches Verzeichnis der abgebildeten Arten

Acacia raddiana   Fig. 1
Aerva javanica   Fig. 21, 22
Anabasis articulata   Fig. 24
Balanites aegyptiaca   Fig. 5, 6, 7
Boscia senegalensis   Fig. 10, 11
Calligonum comosum   Fig. 30, 31
Calotropis procera   Fig. 12
Cassia italica   Fig. 14
Chrozophora brocchiana   Fig. 19, 20
Citrullus colocynthis   Fig. 17
Cornulaca monacantha   Fig. 25
Ephedra major   Fig. 33
Leptadenia pyrotechnica   Fig. 35, 36
Limoniastrum guyonianum   Fig. 27
Lygos raetam   Fig. 28, 29
Maerua crassifolia   Fig. 2, 3
Moricandia arvensis   Fig. 15
Panicum turgidum   Fig. 39
Pergularia tomentosa   Fig. 18
Pithuranthos scoparius   Fig. 30, 32
Pulicaria undulata   Fig. 23
Randonia africana   Fig. 34
Rhus tripartita   Fig. 4
Salvadora persica   Fig. 8, 9
Schouwia purpurea   Fig. 16
Solenostemma arghel   Fig. 13
Zilla spinosa   Fig. 37, 38
Zygophyllum spec.   Fig. 26

Als Signaturen in den mikroskopischen Übersichtszeichnungen wurden dieselben wie in Metcalfe & Chalk (1950) verwendet.

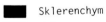

■   Sklerenchym
▥   Xylem
∘°∘   Gefäße
▦   Phloem
▥   Assimilations-
    parenchym

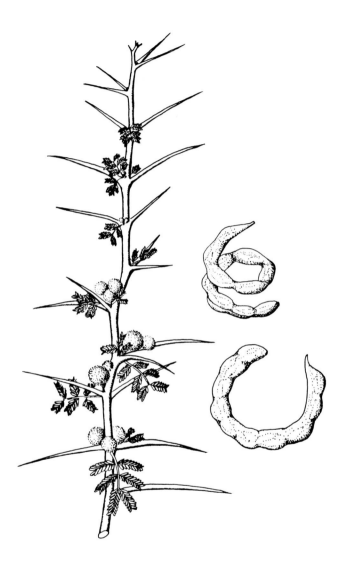

Fig. 1: Acacia raddiana, blühender Zweig und Früchte

Fig. 2: Maerua crassifolia, blühender Zweig und Einzelblüte

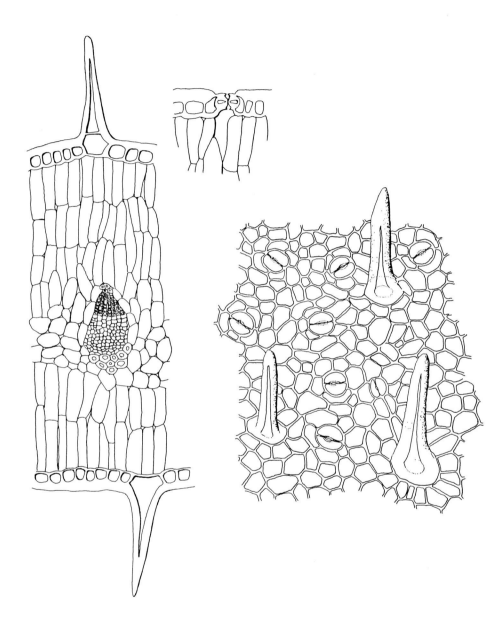

Fig. 3: Maerua crassifolia, Blattquerschnitt, Spaltöffnung
Querschnitt von Flächenschnitt von der Blattoberseite

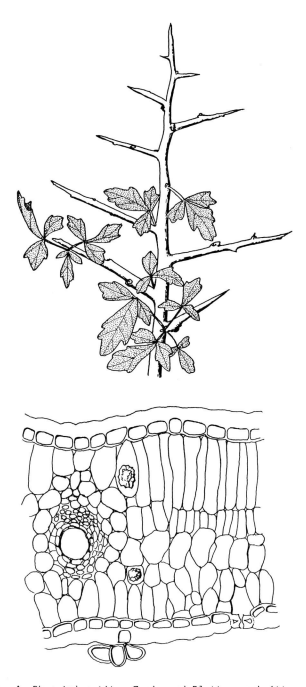

Fig. 4: Rhus tripartita, Zweig und Blattquerschnitt

Fig. 5: Balanites aegyptiaca, blühender Zweig, Einzelblüte und Blütenlängsschnitt, fruchtender Zweig

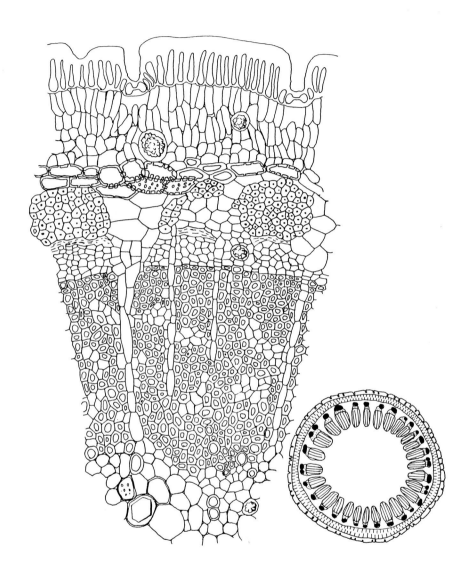

Fig. 6: Balanites aegyptiaca, Sproßdorn Querschnitt, Übersicht und Ausschnitt

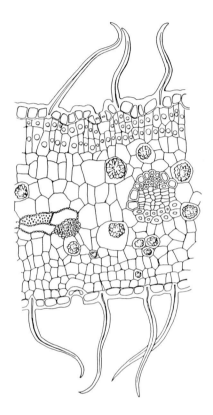
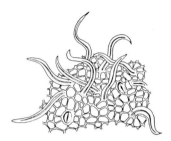

Fig. 7: Balanites aegyptiaca, Blattquerschnitt und Flächenschnitt
von der Blattoberfläche

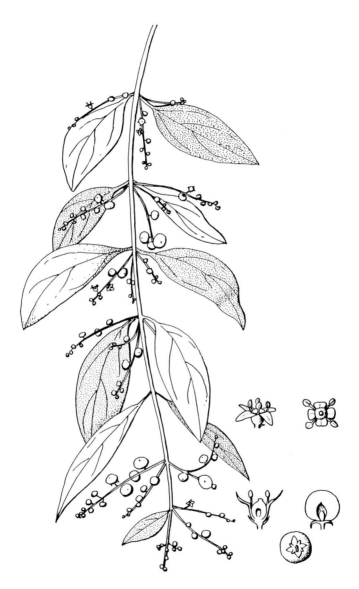

Fig. 8: Salvadora persica, fruchtender Zweig, Einzelblüten,
        Blüten- und Fruchtlängsschnitt, Frucht von unten gesehen

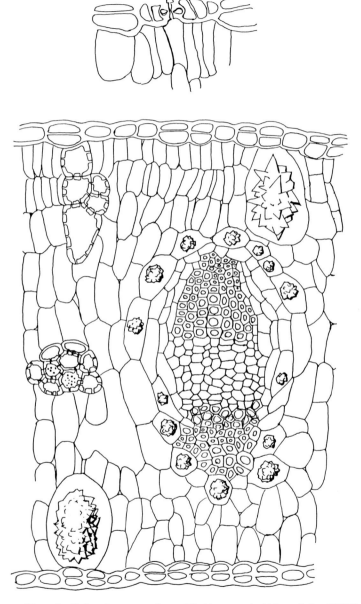

Fig. 9: Salvadora persica, Blattquerschnitt und Spaltöffnung Querschnitt

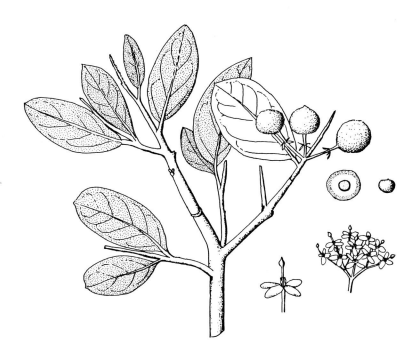

Fig. 10: Boscia senegalensis, fruchtender Zweig, Frucht quer und Same, Einzelblüte und Blütenstand

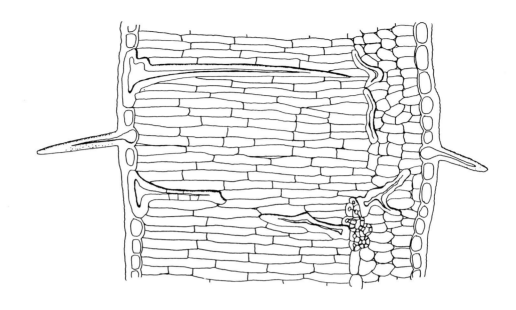
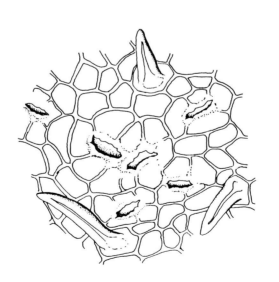

Fig. 11: Boscia senegalensis, Flächenschnitt von der Blattunterseite und Blattquerschnitt

Fig. 12: Calotropis procera, blühender Zweig, Einzelblüte und Blütenlängsschnitt

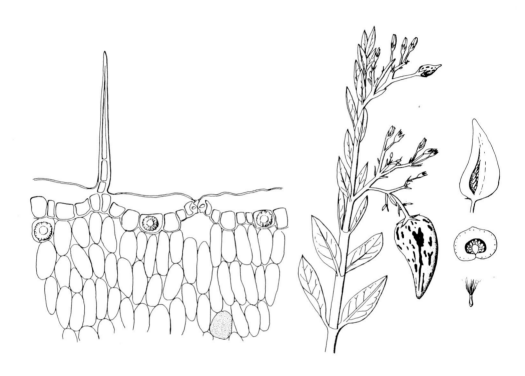

Fig. 13: Solenostemma arghel, fruchtender Zweig, Frucht längs und quer, Same und Blattquerschnitt Oberseite

Fig. 14: Cassia italica, blühender Zweig mit Frucht, Einzelblüte

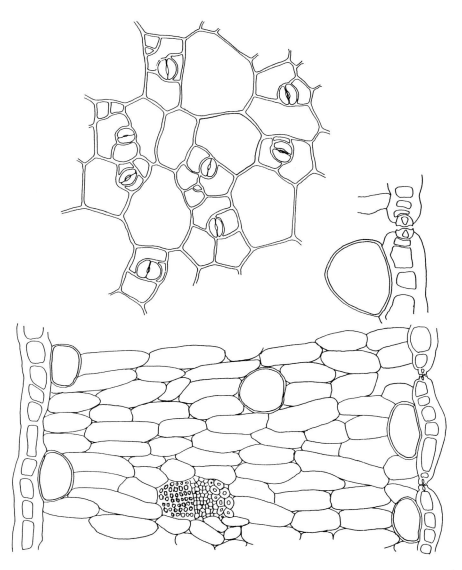

Fig. 15: Moricandia arvensis, Blattquerschnitt, Spaltöffnung, Querschnitt und Flächenschnitt von der Blattunterseite

Fig. 16: Schouwia purpurea, blühender Zweig mit Früchten

Fig. 17: Citrullus colocynthis, blühender Trieb, Frucht, quer und längs, Pfahlwurzel

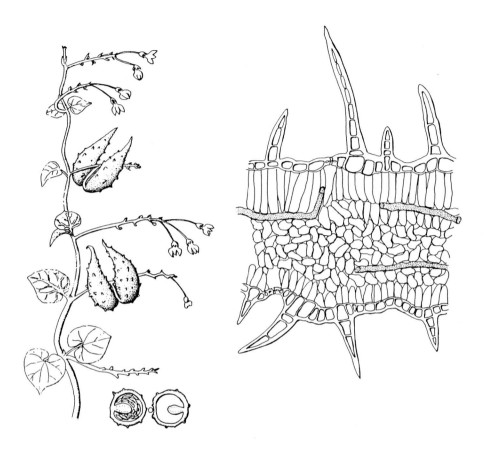

Fig. 18: Pergularia tomentosa, blühender Zweig mit Früchten, Frucht im Querschnitt und Blattquerschnitt

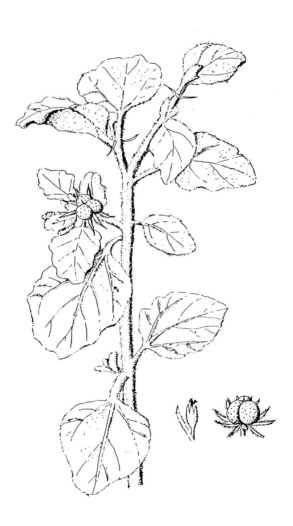

Fig. 19: Chrozophora brocchiana, fruchtender Zweig, weibliche Blüte und Frucht

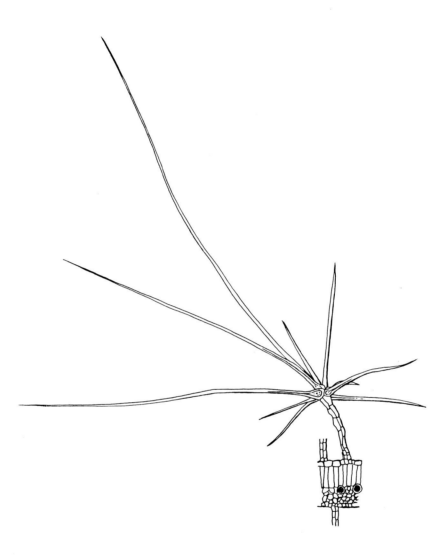

Fig. 20: Chrozophora brocchiana, Blattquerschnitt mit Sternhaar

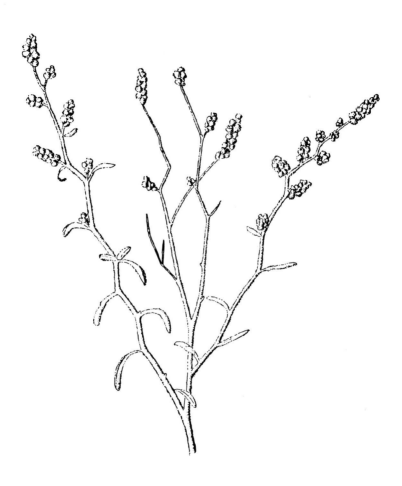

Fig. 21: Aerva javanica, fruchtender Zweig

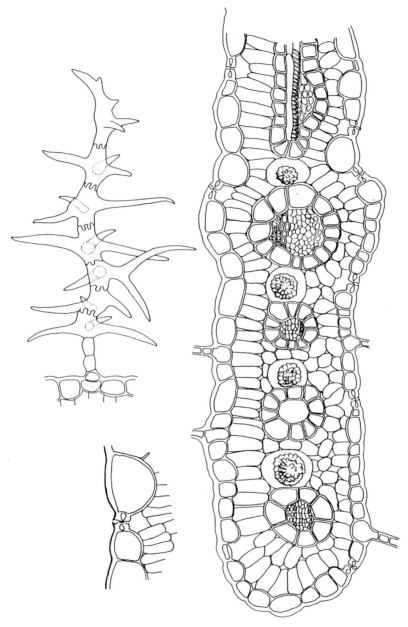

Fig. 22: Aerva javanica, Blattquerschnitt, Spaltöffnung Querschnitt und einzelnes Haar

Fig. 23: Pulicaria undulata, blühender Zweig und Frucht

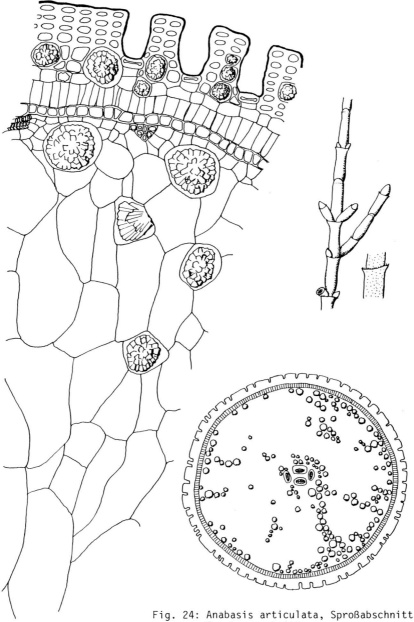

Fig. 24: Anabasis articulata, Sproßabschnitt, Sproßquerschnitt Übersicht und Ausschnitt

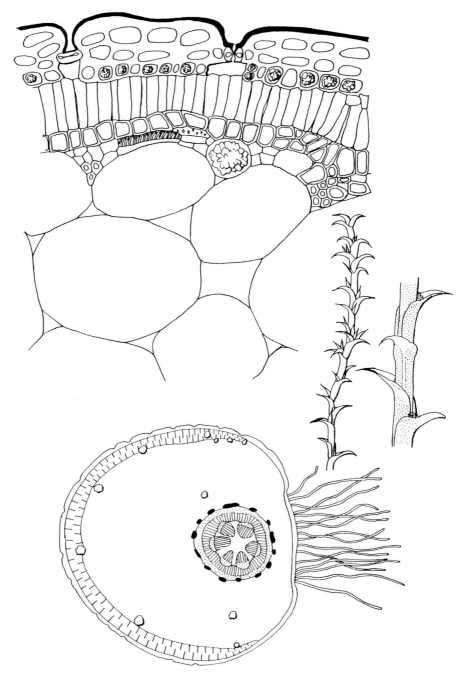

Fig. 25: Cornulaca monacantha, Sproßabschnitt, Sproßabschnitt vergrößert, Sproßquerschnitt Übersicht und Ausschnitt

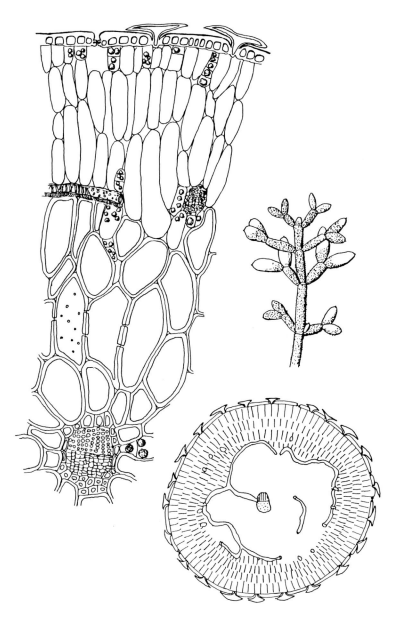

Fig. 26: Zygophyllum spec., Sproßabschnitt und Blättchenquerschnitt Übersicht und Ausschnitt

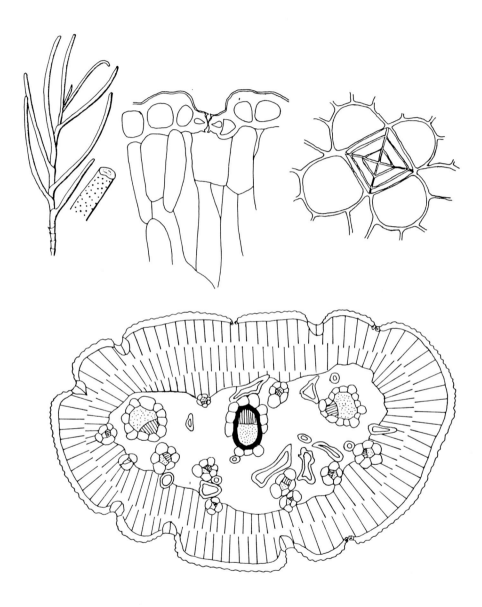

Fig. 27: Limoniastrum guyonianum, beblätterter Trieb, Spaltöffnung Querschnitt, Salzdrüse Aufsicht, Blattquerschnitt Übersicht

Fig. 28: Lygos raetam, blühender Zweig, Blüten, Blütenteile

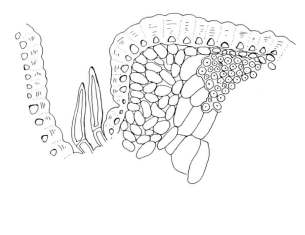
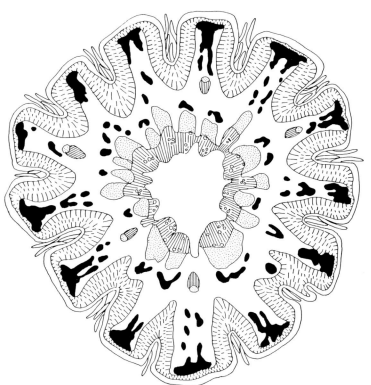

Fig. 29: Lygos raetam, Sproßquerschnitt Übersicht und Ausschnitt

Fig. 30: Pithuranthos scoparius (links), blühender Zweig und Frucht. Calligonum comosum (rechts), Zweigstück und Querschnitt, Knoten vergrößert

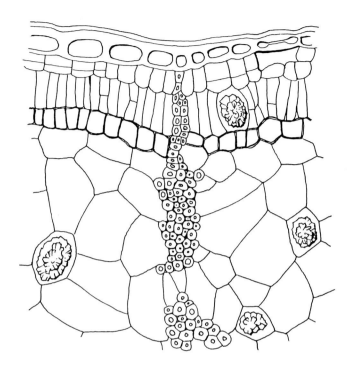

Fig. 31: Calligonum comosum, Sproßquerschnitt Ausschnitt und Übersicht

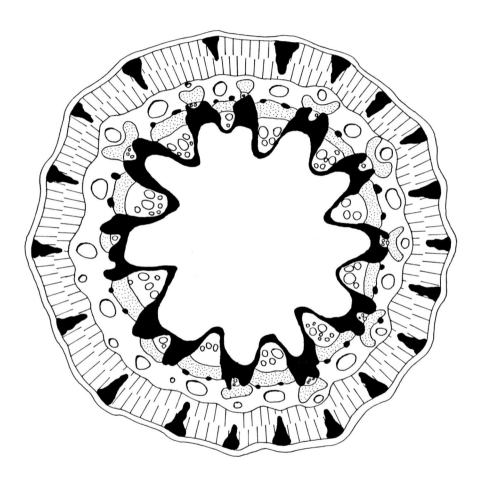

Fig. 32: Pithuranthos scoparius, Sproßquerschnitt Übersicht

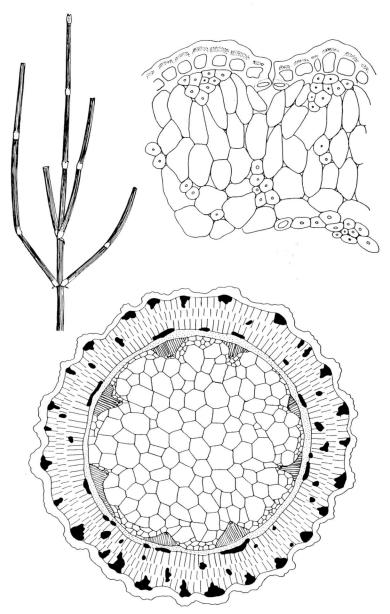

Fig. 33: Ephedra major, Zweigstück, Sproßquerschnitt Ausschnitt und Übersicht

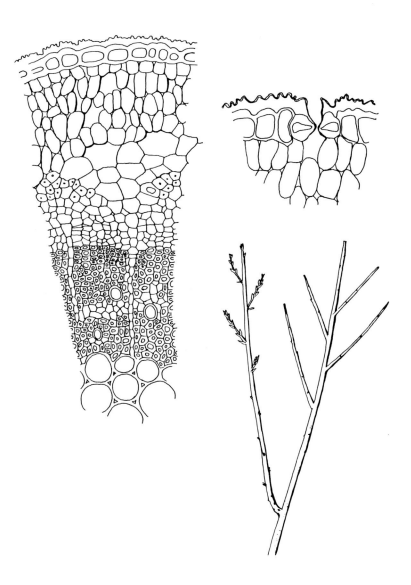

Fig. 34: Randonia africana, Zweigstück, Sproßquerschnitt Ausschnitt und Spaltöffnung Querschnitt

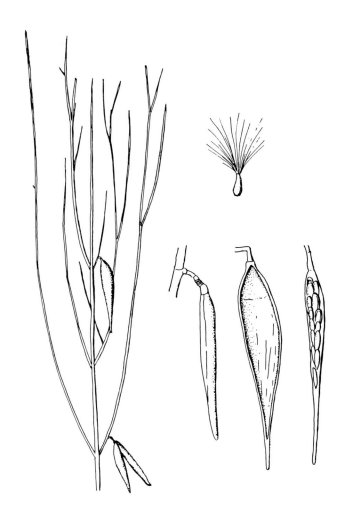

Fig. 35: Leptadenia pyrotechnica, fruchtender Zweig, Same, Frucht geschlossen, geöffnet, im Längsschnitt

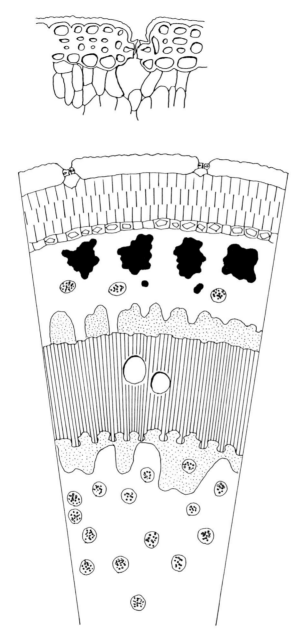

Fig. 36: Leptadenia pyrotechnica, Sproßquerschnitt Ausschnitt und Spaltöffnung Querschnitt

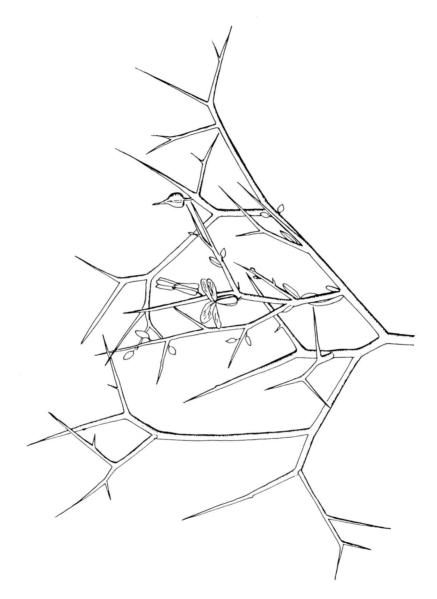

Fig. 37: Zilla spinosa, blühender Zweig

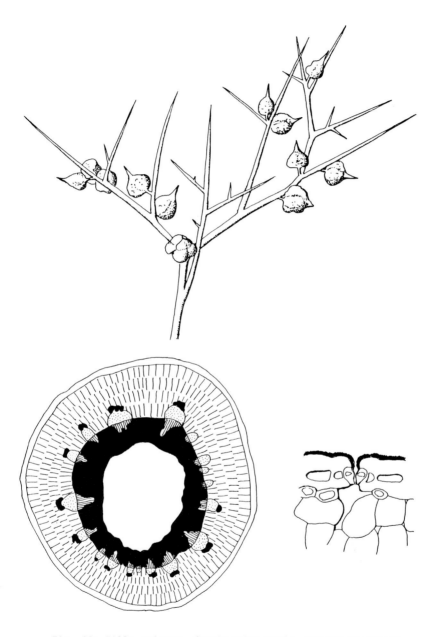

Fig. 38: Zilla spinosa, fruchtender Zweig, Sproßquerschnitt, Übersicht und Spaltöffnung Querschnitt

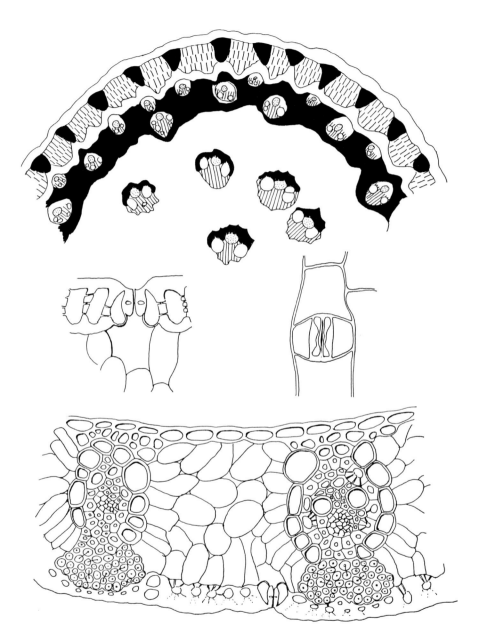

Fig. 39: Panicum turgidum, Sproßquerschnitt Übersicht und Spaltöffnung Querschnitt (Mitte links), Blattscheide Querschnitt
und ihre Spaltöffnung in Aufsicht (Mitte rechts)

Forschungen in Sahara und Sahel I, hrsg. von R. Vogg
Stuttgarter Geographische Studien, Bd. 106, 1987

GEOMORPHOLOGISCHE PLAYATYPEN IN RADAR(SIR-A)- UND LANDSAT(MSS)-AUFNAHMEN (SEBKHET SIDI EL HANI, TUNESIEN UND CHOTT MEROUANE, ALGERIEN)

von Eckhard Wehmeier und Reiner Vogg

Zusammenfassung: Radaraufnahmen (SIR-A) haben sich als sehr geeignet erwiesen, die geomorphologische Differenzierung von Oberflächen, insbesondere auf Salzkrusten-Playas, über die Reliefrauhigkeit herauszuarbeiten. Mittels limitierter Ground-checks gelang es, verschiedene Oberflächentypen eindeutig im Radarbild zuzuordnen. Laboruntersuchungen des Substrats halfen dabei, die eventuelle Einflußnahme substratinternen Wassergehaltes und substratinterner Texturvarianz auf den Rückstreuquerschnitt ($\delta°$) abzuschätzen. Quantitative Aussagen, zum Beispiel des Chemismus, mußten vor allem deshalb unterbleiben, weil keine Messungen zur Dielektrizität des Substrats vorgenommen werden konnten.

Zur Penetration und Absorption von Sanden durch Radar können erstmals Ergebnisse vorgewiesen werden, die denen aus der östlichen Sahara nahekommen. Offensichtlich kann Penetration, ja Absorption, auch in weniger ariden Teilen der Sahara von Bedeutung sein. Erst der vergesellschaftete Einsatz von Landsat- und SIR-A-Aufnahmen erbrachte dieses Ergebnis. Der kombinierte Einsatz beider Erkundungssysteme lieferte auch neue Erkenntnisse über die regionale Differenzierung des Stoffeintrages (Landsat) in Sebkhet Sidi El Hani und die daraus resultierenden geomorphologischen Konsequenzen (SIR-A).

Summary: Geomorphologic Playa Types in Radar (SIR-A) and Landsat (MSS) Images
(Sebkhet Sidi el Hani, Tunisia and Chott Merouane, Algeria)

Radar images (SIR-A via surface roughness have proven very useful tools for differentiating geomorphologic surface types, especially on crystal body playas. With limited ground check only, several surface types could be identified and correlated with the imagery. Analyses in the laboratory helped to evaluate the probable influence of sediment water contents and internal textural variations upon radar backscattering. True quantitative analyses, such as to evaluate the impact of sediment chemical characteristics upon backscattering were prohibited by simply not having had the chance to measure sediment dielectric properties.

Concerning penetration and absorption of radar in sands, it is possible, for the first time, to show up with some results resembling those having been documented for the extremely arid eastern part of the Sahara. Evidently penetration and also absorption of this kind are also of importance in less arid parts of deserts. This detection is the result of the combined interpretation of Landsat-MSS (0.8 - 1.1 µm) and SIR-A images.

This associative approach, in the case of Sebkhet Sidi el Hani also brought new insight as to fluvial sediment input patterns (Landsat) and resulting geomorphic consequences (SIR-A).

Résumé: Types de playas géomorphologiques sur des images radar(SIR-A)- et Landsat-MSS (Sebkhet Sidi el Hani, Tunisie et Chott Mérouane, Algérie)

Les images radar (du type SIR-A) se sont montrés aptes à permettre l'élaboration, à l'aide de la rugosité du relief, de la différenciation géomorphologique de surfaces, surtout sur des croûtes de sel des playas. A l'aide de ground-checks limités on a réussi à identifier divers types de surfaces sur l'image radar. Des analyses de laboratoire du substrat ont aidé à estimer l'influence éventuelle de la teneur en eau et de variations de la texture du substrat sur le backscattering. On n'a pourtant pas pu faire de quantifications, par exemple au sujet de l'influence du chimisme, parce qu'il n'a pas été possible de mesurer la diélectricité du substrat.

Quant à la pénétration et à l'absorption de sables par radar on peut présenter pour la première fois des résultats qui ressemblent à ceux du Sahara Oriental. Il est évident que la pénétration et même l'absorption peut être d'importance aussi dans des parties moins arides du Sahara. Cette découverte a été le résultat de l'interprétation combinée d'images de Landsat-MSS (0.8 - 1.1 µm) et de SIR-A. L'emploi combiné de ces deux systèmes a également fourni de nouveaux résultats sur la différenciation régionale de la sédimentation (Landsat) dans le Sebkhet Sidi El Hani avec les conséquences géomorphologiques (SIR-A).

1. Einleitung

Landsataufnahmen konnten in der Playaforschung am hiesigen geographischen Institut (Arbeitsgruppe Wüstenforschung) bei hydrologischen und geomorphologischen Untersuchungen in Tunesien, Ägypten und den USA wiederholt, allerdings mit unterschiedlichem Gewinn, eingesetzt werden. Insgesamt zeigte sich, daß über hydrologische Phänomene, etwa die Überflutung oder den Stoffeintrag durch fließendes Wasser, bessere Aussagen gemacht werden konnten als über rein geomorphologische Strukturierungen auf Playas.

Als die NASA im Jahre 1981 mit dem Space Shuttle Columbia das SIR-A-Experiment durchführte, wurden im Rahmen eines Radarstreifens, Data Take 32-33 (Fig. 1), am 14.11.1981 zwei Playas erfaßt, die den Autoren durch Geländeaufenthalte bekannt geworden sind, so Sebkhet Sidi el Hani am 29.9.1980 bzw. Chott Merouane am 13.2.1984.

Da es sich bei diesen Playas um geomorphologisch sehr unterschiedliche Typen handelt, Salzton- und Salzkrusten-Playa, wurde die Chance ergriffen, die Aussagekraft von Radaraufnahmen in dieser Richtung qualitativ zu testen. Von gewissem Nachteil bei diesem Unterfangen ist allerdings, daß zwischen Aufnahme und Erhebung am Boden keine Zeitgleichheit besteht. Diesem Manko wurde versucht beizukommen durch die Beschaffung von Landsataufnahmen, die in etwa synchron zu den Radaraufnahmen und zu den Zeitpunkten der Geländeaufenthalte gemacht worden sind. Für Chott Merouane gelang das relativ gut, für Sebkhet Sidi El Hani leider nur in bezug auf die Radaraufnahme. Immerhin konnten anhand der Landsataufnahmen einige Aussagen über Musterkonstanz und -veränderung getroffen werden und konnte die Bedeutung der Erhebungen am Boden besser eingeschätzt werden. Zugleich ergaben sich wichtige Vergleichsmöglichkeiten zwischen den Aufnahmesystemen SIR-A und Landsat-MSS (0,8 - 1,1 µm).

2. Radar als Abbildungssystem

SIR-A Systemdaten:

Frequenz	: 1,3 GHz	Einfallswinkel	: 50 Grad $\pm$ 3 Grad
Wellenlänge	: 23,5 cm (L-Band)	Auflösung	: 38 m
Apertur	: synthetisch	Flughöhe	: 262 km
Polarisation	: HH	Streifenbreite	: 50 km

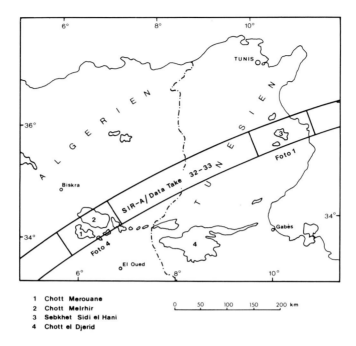

1 Chott Merouane
2 Chott Melrhir
3 Sebkhet Sidi el Hani
4 Chott el Djerid

Fig. 1: Großräumliche Lage der Untersuchungsgebiete

Bevor auf die Einzelheiten der Abbildungen eingegangen wird, erscheint es zweckmäßig, einige grundlegende Ausführungen zum Verständnis von Radaraufnahmen zu machen. Bei SIR-A handelt es sich um ein aktives System, welches in bestimmten Frequenzen Impulse aussendet und deren Echo empfängt. Es liegt ein Radar mit synthetischer Apertur vor, welches in seiner Bodenauflösung nicht primär von der Flughöhe abhängig ist, solange gewährleistet werden kann, daß das Echo der Impulse genügend hoch über dem Rauschen liegt.

Das empfangene Echo, der Rückstreuquerschnitt ($\delta°$), welcher den Grauton einer Oberfläche im Bild bestimmt, ist abhängig von verschiedenen Faktoren:

$$\delta° = f(\lambda, P, \emptyset, \theta, \epsilon, \Gamma_1, \Gamma_2, V)$$

Kenngrößen:

λ = Wellenlänge
P = Polarisierung des Impulses
$\emptyset$ = Einfallswinkel
θ = Geländeneigungswinkel
ϵ = komplexe Dielektrizitätskonstante

Γ_1 = Oberflächenrauhigkeit
Γ_2 = Rauhigkeit subkutaner Radar-Interface
V = Volumenstreukoeffizient inhomogener Medien

2.1 Wellenlänge (λ):

Der Einfluß der Wellenlänge äußert sich zum Beispiel darin, daß eine bestimmte Oberfläche unter kürzeren Wellenlängen rauher als unter längeren in Erscheinung tritt. Wellenlängen von nur 1 cm lassen die meisten Oberflächen rauh erscheinen, wogegen bei Wellenlängen von 1 m nur noch wenige so in Erscheinung treten. Die Wellenlänge des L-Bandes von SIR-A gewährleistet somit durchaus eine hinlängliche Wiedergabe unterschiedlicher Oberflächen.

Längere Wellenlängen verbürgen eine höhere Eindring- oder Skintiefe (δ), was aus folgender Gleichung ableitbar ist:

$$\delta = \left(\frac{\lambda}{\pi\, g\, \eta}\right)^{\frac{1}{2}}$$

Kennwerte:

g = elektrische Leitfähigkeit

η = $(\mu/\epsilon)^{1/2}$ = Wellenwiderstand

ϵ = Permittivität

µ = magnetische Permeabilität

Bei Wellenlängen von λ = 1 cm kann die Skintiefe vernachlässigt werden. Herkömmlicherweise wird die Skintiefe als jene Tiefe definiert, in der die Amplitude der transmittierten Welle auf $1/e$ = 0,37 ihres Wertes an der Oberfläche reduziert wird. Schaber et al. (1986) empfehlen bei der Skintiefe zwischen berechneter und effektiver zu unterscheiden und erwähnen, daß die effektive Skintiefe in den Sandschwemmebenen der östlichen Sahara ein Maximum von 1,5 m erreicht bei einer errechneten von 6 m. Diese Diskrepanz ist durch die Lage eines Radar-Interface in entsprechender Tiefe zu erklären. Für aufgesetzte Sanddünen in dieser Region wird eine effektive Skintiefe von 2 - 3 m angegeben. Noch mächtigere Dünensande scheinen die Radarsignale zu absorbieren und treten als schwarze Flächen in Erscheinung.

Die Dämpfung von Radarwellen wird durch den Dämpfungswert (α) in neper/m angegeben und wie folgt berechnet:

$$\alpha = \frac{2\pi}{\lambda} \left\{ \frac{\mu \, \epsilon_r}{2} \left[\left[1 + \left(\frac{\epsilon_i}{\epsilon_r}\right)^2 \right]^{\frac{1}{2}} - 1 \right] \right\}^{\frac{1}{2}}$$

Kennwerte:

λ = Wellenlänge

ϵ_r = Realteil komplexe Dielektrizitätskonstante

ϵ_i = imaginärer Teil komplexe Dielektrizitätskonstante

$\dfrac{\epsilon_i}{\epsilon_r}$ = dielektrischer Verlustfaktor

μ = magnetische Permeabilität

Die magnetische Polarisierung ist generell im gewöhnlichen, nicht ferromagnetischen Substrat so gering, daß sie durch die Permeabilität im Vakuum (= 1) ersetzt werden darf. Für die Höhe des Verlustfaktors spielen Polarisationsverluste eine bedeutende Rolle.

2.2 Komplexe Dielektrizitätskonstante (ϵ)

Es handelt sich um eine Stoffkonstante, die sich aus zwei Teilgrößen zusammensetzt: $\epsilon = \epsilon_r - \epsilon_i$

Üblicherweise wird die Dielektrizität eines Substrats als ein Vielfaches der Influenz- oder Feldkonstante (ϵ_o) ausgedrückt. Permittivität und elektrische Leitfähigkeit des Substrats als Haupteinflußgrößen auf (ϵ_r), respektive (ϵ_i), sind stark abhängig von der Frequenz und vom Wassergehalt. Geringe Wassergehalte ausgenommen, variiert die Dielektrizitätskonstante von Substrat linear mit dem Wassergehalt. Bei geringen Wassergehalten ist die Rückstreuung am geringsten und die Eindringtiefe des Signals am höchsten. Bei hohen Wassergehalten verhält es sich genau umgekehrt. Bei einem jeden Einfallswinkel (∅) verhält sich die Rückstreuung proportional zu (ϵ). Diesen Angaben ist zu entnehmen, wie wichtig es ist, etwas über Substratwassergehalte an den jeweiligen Lokalitäten aussagen zu können. Texturinformationen sind ebenso wichtig, denn ϵ_r-Substrat nimmt ab mit zunehmendem Tongehalt, während ϵ_i-Substrat zunimmt. Bei Festgestein, mit Ausnahme von Meteoriten, ist (ϵ_r) in erster Linie eine Funktion der Gesteinsdichte und nicht der Frequenz. Die Skintiefe geht hier selten über 0,1 m hinaus, während sie in trockenen Sanden weit über einen Meter ausmachen kann.

Das Ausmaß der Energiedämpfung im Mikrowellenbereich ist abhängig von der elektrischen Leitfähigkeit des Materials und der Frequenz. Generell gilt, je höher die Frequenz, desto stärker die Dämpfung und desto geringer die effektive Skintiefe. So kann es sein, daß bei höheren Frequenzen die Rückstreuung von der Vegetationsdecke geprägt wird, während sie im Niederfrequenzbereich hauptsächlich von der Oberfläche unter der Vegetation bestimmt wird.

2.3 Polarisierung (P)

Radarsysteme senden planpolarisierte elektromagnetische Strahlung aus. Diese wird beim Auftreffen auf eine Oberfläche depolarisiert und unterschiedlich gedreht. Die horizontalen und vertikalen Komponenten des rotierten Signals können getrennt von verschiedenen Antennen empfangen werden. Bisher ist noch wenig klar, welche Konsequenzen eine bestimmte Polarisierung für den Bildinterpreten beinhaltet.

2.4 Einfallswinkel (Ø)

Nimmt (Ø) ab, so nimmt die Rückstreuung ($\delta°$) zu. Nimmt (Ø) zu, so wird die gleichpolarisierte Rückstreuung zunehmend abhängig von den dielektrischen Eigenheiten (ϵ) und weniger von der Oberflächenrauhigkeit (Γ_1) des Substrats. Bei sehr rauhen Oberflächen wird allerdings auch ($\delta°$) unabhängig von (Ø). Die (Ø)-Bereiche von SIR-A liegen so, daß die dielektrischen Eigenheiten von Oberflächen genügend zum Tragen kommen.

2.5 Geländeneigung (θ)

Die Geländeneigung beeinflußt naturgemäß den Einfallswinkel (Ø) und damit auch den Rückstreuquerschnitt ($\delta°$). Die Morphographie des Geländes kann die Geometrie des Radarbildes stark beeinflussen. Steile Geländepartien werden verkürzt wiedergegeben (forshortening), und Überlagerungseffekte (layover) können dadurch auftreten, daß zwei Objekte, die auf verschiedenen Niveaus liegen, gleichzeitig vom Radarstrahl erfaßt werden. Steilrelief kann Radarschatten (shadowing), also sichttote Räume hervorrufen. Geländeneigungen, die in der Ebene des Einfallswinkels (Ø) liegen, verursachen den sogenannten Streich- oder Berührungseffekt (grazing), welcher sich durch griesige Bildtexturen bemerkbar macht und zur Vorsicht bei der Interpretation Anlaß gibt, da die Rückstreuwerte nicht unbedingt die eigentliche Oberflächencharakteristik wiedergeben. Derartige Texturen treten ohnehin bei Radaraufnahmen häufiger auf als Auswirkung des fading-effect. Durch Anpassung der Flughöhe an die Reliefgegebenheiten können einige der geschilderten Effekte minimiert werden.

2.6 Oberflächenrauhigkeit (Γ_1)

Dieses ist wohl das dominierende Kriterium, welches das Ausmaß der Rückstreuung bestimmt. Es wurde schon darauf verwiesen, daß größere Wellenlängen, respektive niedere Frequenzen, dahin tendieren, Oberflächen eher glatt (smooth) erscheinen zu lassen. Ferner ist der Einfallswinkel ($\emptyset$) von Bedeutung dafür, inwiefern eine Oberfläche radar-glatt oder radar-rauh erscheint. Das Rayleigh-Kriterium h = $\frac{\lambda}{8 \sin \emptyset}$ legt die Grenze zwischen spiegelnder und diffuser Reflexion fest, wobei (h) der relativen Höhe von Reliefrauhigkeiten entspricht. Wird (h) kleiner als der Quotient, so handelt es sich um eine radar-glatte Oberfläche, die dunkel erscheint. Wird (h) größer als der Quotient, so ist die Oberfläche radar-rauh und erscheint relativ hell. Die Ausmaße von (h) im Grenzbereich zwischen spiegelnder und diffuser Reflexion lassen sich für SIR-A zu ca. 4 cm berechnen. Angemerkt werden sollte jedoch, daß extrem rauhe Oberflächen sich nahezu isotropisch verhalten, das heißt, sie werden in ihrer Rückstreuung nicht mehr vom Einfallswinkel beeinflußt.

2.7 Rauhigkeit subkutaner Radar-Interface (Γ_2)

Normalerweise wird die Rauhigkeit einer subkutanen Diskontinuitätsfläche nur von Bedeutung bei frischer Schneeauflage oder trockener Sandauflage. Im Bereich der beobachteten Playas könnten allenfalls Sandauflagen Bedeutung erlangen. In jedem Falle ändert sich in einer solchen Situation wegen der Refraktion der Wellen an der Grenze Luft zu Sand das Rayleigh-Kriterium zu

$$h' = \frac{\lambda'}{8 \cos \emptyset'}$$

Kennwerte:

h' = relative Höhe subkutaner Reliefrauhigkeiten
$\lambda'= \lambda/\sqrt{\epsilon}$
$\emptyset'$ = arc sin (sin $\emptyset/\sqrt{\epsilon}$)

Damit reduziert sich der Grenzwert zwischen radar-rauh und -glatt von ca. 4 cm relativer Höhendifferenz an der Oberfläche auf ca. 2 cm bei einer subkutanen Diskontinuitätsfläche unter der Annahme eines dielektrischen Wertes von ca. 3,0 für trockenen Sand.

2.8 Volumenstreukoeffizient (V)

Hierunter sind vor allem zu subsumieren die Einflüsse von Vegetationsbedeckung und von innersubstratlichen Inhomogenitäten. Diese Faktoren sind nicht leicht zu fassen, doch haben Schaber et al. (1986) in ihren Untersuchungen in der östlichen Sahara sehr eindrucksvoll die Beeinflussung des Radar-Echos durch subkutane Karbonatkonkretionen und Rhizolithe belegt.

3. Sebkhet Sidi el Hani

Diese Playa liegt am Westrand des Sahel von Sousse, wie aus dem SIR-A Übersichtsbild (Foto 1, A) leicht zu ersehen ist.

Der Radarstreifen läßt im Osten das Mittelmeer erkennen und deckt die Mittelmeerküste zwischen Sousse (B) im Norden und Mahdia (C) im Süden ab. Der Sahel zeichnet sich durch dichte Besiedlung aus, zu erkennen an der Fülle isolierter, diffus ausufernder überstrahlter Areale, jedes eine größere Siedlung darstellend. Siedlungen haben wegen der dichten Packung unterschiedlich hoher und gewinkelt zueinander verlaufender Flächen als radar-rauhe Objekte hoher Streukapazität zu gelten. Andere, nicht ganz so helle Areale (D), die sich manchmal mit dunkleren Arealen (E) streifig oder blockig verzahnen, stellen Olivenhaine oder Mandelbaumpflanzungen dar: Baumkulturen haben nämlich eine hohe Volumenstreukapazität. Die dunkleren Areale (E) mögen dagegen vorwiegend dem Getreidebau vorbehalten sein. Am oberen Bildrand ist gerade noch Kairouan (F) angeschnitten.

Auf dem tunesischen Festland wird Sebkhet Sidi el Hani (A) als große, dunkle, relativ homogene Fläche abgebildet. Vergleichbare kleinere Flächen

Foto 1: Der Sahel von Sousse und Teile des tunesischen Steppentieflandes (SIR-A, 14.11.1981)

sind das südwestlich gelegene Sebkhet Cherita (G) und die litoralen Sebkhas, Sebkhet M'ta Moknine (H) und die Sebkha von Monastir (I). Prinzipiell gibt es zwei Möglichkeiten, weshalb diese Playas als spiegelnde Reflektoren in Erscheinung treten: Entweder sind sie zur Zeit der Aufnahme wasserbestanden oder ihre Oberflächenrauhigkeit ist in relativ trockenem Zustand außerordentlich gering (Foto 2 belegt die geringe Rauhigkeit für Sebkhet Sidi el Hani am 29.9.1980). Der Habitus einer Ton-Playa offenbart sich. Starke phreatische Beeinflussung ist gegeben, denn beim Graben stößt man schon nach 4 - 5 cm auf reinen, sehr feuchten Ton. Der Grundwasserspiegel liegt oberflächennah im Zentrum dieses geomorphologischen und geologischen Beckens, und allseitiges Zuströmen des Grundwassers in Richtung Playa ist gegeben, folgt man den Aussagen von Castany et al. (1952). Entsprechend den Konditionen ober- und unterirdischer Abflußlosigkeit und dem klimatologisch und hydrologisch starken Gegensatz von trocken-heißem Sommer zu feucht-gemäßigtem Winter, wird die Mineralisierung im Substrat der Playa während des Sommers stark zunehmen. Eine echte Salzkrustenbildung konnte im Gelände allerdings nicht beobachtet werden, wohl aber das lokale Vorkommen von Effloreszenzen. Bei etwa 300 mm mittlerem Jahresniederschlag und einer potentiellen Landverdunstung von 1250 mm ergibt sich ein jährliches klimatologisches Wasserdefizit von ca. 1000 mm. Darüber hinaus weisen alle Monate im Mittel ein Wasserdefizit auf, doch während in den Wintermonaten die Wasserbilanz nahezu ausgeglichen erscheint (10 - 20 mm Defizit), kommen im Sommer Defizite bis zu 200 mm/Monat vor.

Die winterliche Regenperiode setzt im September ein und damit auch die Überflutungsperiode, denn hier gibt es nur pluviale Abflußregime. Die Überstauträchtigkeit der Playas wächst nunmehr stark an, da die Verdunstungswerte weiter abnehmen. Wenngleich zu Sebkhet Sidi el Hani keinerlei Daten hinsichtlich der Überflutungsintensität verfügbar waren, so erwähnen doch Hollis & Kallel (1986) für das unmittelbar nördlich gelegene Sebkhet Kelbia, daß diese während nur 31,4 % der Zeit (1930-1955) gänzlich trocken lag, während 40 % der Zeit etwa zur Hälfte und den Rest der Zeit gänzlich wassererfüllt war. Damit darf für Sebkhet Sidi el Hani eine Überflutungsintensität von ca. 30 % zugrundegelegt werden, von Teilüberflutungen der Playa einmal abgesehen. In der hydrologischen Terminologie sollten derartige Playas besser als Seeplayas bezeichnet werden.

Die SIR-A Aufnahme (Foto 1) fällt in die winterliche Regenzeit. Das satte, gegen die Playaränder scharf abgesetzte, relativ homogene Schwarz der Playaoberfläche läßt auf offenes Wasser schließen. Selbst eine als spiegeln-

Foto 2: Kürzlich erst trocken gefallene, radar-glatte Oberfläche von Sebkhet Sidi el Hani (Ton-Playa) mit Halophytensaum am 29.9.1980

der Reflektor wirkende Tonoberfläche wie auf Foto 2 würde eine derartige Wirkung nicht erreichen. Bestätigt wird das durch gelinde heller ausfallende Flächen an den Südrändern von Sebkhet Cherita (G,1), der Sebkha von Monastir (I,1) und des Sebkhet Sidi el Hani (A,1). Während in den erstgenannten Fällen dort feuchte Tone anzutreffen sind, liegen an der Südflanke von Sebkhet Sidi el Hani Sande vor. In allen Fällen muß allerdings mit einer gewissen Aufrauhung durch halophytische Vegetation gerechnet werden.

Zur Zeit der Aufnahme führen die Wadis Oued el Mekta (K) und Oued Cherita (L), welche in das Sebkhet Sidi el Hani einmünden, kein Wasser. Sie erscheinen als sehr helle Bänder wegen der Rauhigkeit ihrer Schotterbetten und setzen sich gut ab gegen das dunkle, wassererfüllte Band des Oued Redjet Chiba (M), welches von Süden in das Sebkhet Moknine einmündet und praktisch im Niveau des Grundwassers fließt.

Die Landsataufnahme vom 31.12.1981 (Foto 3b) kommt der SIR-A-Aufnahme (Foto 3a) zeitlich so nahe wie möglich. Wenngleich sie sechs Wochen später liegt, zeigt sie doch wichtige Einzelheiten, die dem Verständnis der lanzettförmigen Anomalie (A,2) im Nordteil von Sebkhet Sidi el Hani dienen. Foto 3b weist im Nordosten der Playa ungetrübtes Wasser aus, während der Rest der Playa mehr oder minder stark sedimentbeladenes Wasser zeigt. Inter-

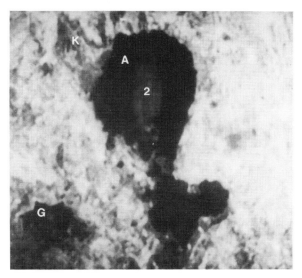

Foto 3a: Lanzettförmige Anomalie (A_2) auf Sebkhet Sidi el Hani (SIR-A, 14.11.1981)

Foto 3b: Texturen differenzierter Sedimentationsmechanismen auf Sebkhet Sidi el Hani (Landsat, 0,8 - 0,1 µm, 31.12.1981)

essant und aufschlußreich zugleich ist die Strukturierung des Grautonmusters in diesen Wässern. Ausgehend von der Verengung in der Playa, offensichtlich gesteuert durch die dort inselhaft aufragenden flachen Erhebungen (Guettaiet), verteilt sich die enorme Sedimentfracht des Oued Cherita lanzettförmig nach NW (A,2) und diffus weiter nach Südosten (A,3). Warum geschieht das nicht gleichermaßen in Richtung Nordwesten? Aus dieser Richtung mündet gegenläufig Oued el Mekta (K) ein, dessen offensichtlich weniger getrübte Wässer auf entweder geringerer Sedimentfracht oder auf einem früheren Abkommen dieser Wässer beruhen. Der letzte Fall ist der wahrscheinlichere, denn Oued Cherita muß, bevor es in Sebkhet Sidi el Hani einmündet, noch Sebkhet Cherita (G) als natürlichen Ausuferungsraum auffüllen. Diese Situation ist auf Foto 3b gut erkennbar. Somit kann es zur Konzentration gewaltiger Sedimentschübe im Fließschatten jener kleinen Inseln kommen. In Anlehnung an diese findet eine allmähliche Aufhöhung der Playaoberfläche mit Abschwächung nach Norden statt. Diese ist deutlich im Bild zu erkennen. Damit wird die lanzettförmige gelinde Aufhellung (A,2) im Nordteil von Sebkhet Sidi el Hani gedeutet als entweder minimal über oder gar unter dem Wasserspiegel in Erscheinung tretender toniger Flachrücken, dessen Genese zu sehen ist in Analogie zum belegbaren Auflauf- und Sedimentationsverhalten der Wadis. Der grundsätzlich hohe Anfall an Sediment in derartigen Milieus wurde im Falle des Sebkhet Kelbia zu 259 t/km^2/Jahr für den Zeitraum 1969-1979 berechnet (Hollis & Kallel, 1986).

So wird das Verständnis für die interne Differenzierung von Sebkhets durch Landsat- und SIR-A-Aufnahmen wesentlich verbessert. Keines der ansonsten verfügbaren Arbeitshilfsmittel in dieser Region - zumeist handelt es sich um topographische Karten - läßt derart subtile Schlüsse zu.

4. Chott Merouane

Chott Merouane und das nordöstlich benachbarte Chott Melrhir gehören zu dem großen tektonisch angelegten Senkungsbereich am Nordrand der algerischen Sahara, der sich nach Osten in den tunesischen Schotts (Fedjadj und El Djerid) fortsetzt. Dieser Senkungsbereich am Südrand des Atlas-Orogens reicht, besonders an seinem Westrand, bis unter den Meeresspiegel hinab. Chott Merouane weist Höhen von -40 m auf. Bezeichnend ist ferner die asymmetrische Lage dieser Zone am Nordrand des Homra-Beckens, welches gerahmt wird von der Schwelle des Mzab im Westen, dem Tademait-Plateau und der Hamada de Tinrhert im Süden und dem Dahar im Osten. Großteile dieses Beckens werden gestellt vom Grand Erg Oriental, der unterlagert wird von bis zu 2000 m mächtigen pontischen Sedimenten fluvio-lakustrer Natur, die diskordant eozänen Sedimenten aufliegen. Pontische Sedimente prägen auch die südlichen Fußflächen des Atlas und werden in der Region der Schotts durch bis zu 400 m mächtige Tone und Sande repräsentiert, die eozäne Karbonate und Evaporite überlagern.

Durch die geologisch-tektonische und geomorphologische Beckenlage werden die Schotts hydrologisch und hydrogeologisch zu Wassersammlern. Von den drei Aquifersystemen, auf die im einzelnen nicht eingegangen wird, ist das Continental Terminal, welches sowohl artesische als auch phreatische Wässer beinhaltet, von besonderer Bedeutung für die morphologische Ausgestaltung der Schotts. Die Wässer dieses Aquifers treten vermehrt in den Schotts aus. Der phreatische Aquifer wird vor allem durch die von Norden und Süden einmündenden Wadis und durch Interflow gespeist. Drainage- sowie Sickerwässer aus dem Erg sind an dieser Speisung ebenfalls beteiligt. Die SIR-A-Aufnahme (Foto 4) zeigt sehr deutlich die trockenen radar-rauhen Wadibetten, die als weiße Bänder in Erscheinung treten, so Oued El Kherouf (A) im Süden von Chott Merouane oder zahlreiche Wadis am Nordrand von Chott Melrhir, entlang derer sogar Bewässerungskulturen (B,C) erkennbar werden. Derartige Kulturen, vorwiegend Dattelhaine, stellen die hellsten Flächen im Radarbild dar mit außerordentlich hohen Volumenstreukoeffizienten, wobei allerdings zwischen Siedlung und Palmenhain nicht differenziert werden kann. Von Süden nach Norden reihen sich folgende Oasen an der Westseite von Chott Merouane auf: Sidi Khelil (D), M'Raier (E), Ourir (F) und Oum el Thiour (G).

Die dunkelsten Flächen treten als homogenes Schwarz (H,I) im Westteil von Chott Merouane auf und repräsentieren stehendes Wasser. Wenngleich hier im Süden das mittlere Jahresdefizit in der klimatologischen Wasserbilanz mit 1200 mm erheblich ist, kommt es im Winter doch gelegentlich zu Überschwemmungen, obwohl die jährlichen Niederschläge knapp unter 100 mm liegen. Diese Wasserflächen - so weist Foto 5 (H), eine Landsataufnahme vom 15.12.1981, aus - können recht lange Bestand haben. Sie werden einerseits immer wieder einmal durch neu abkommende Wässer (A), andererseits durch den ansteigenden Grundwasserspiegel genährt.

Ansonsten zeichnen sich die Schottflächen durch eine breite Palette überwiegend heller bis mittelgrauer Oberflächen aus, was auf starke Unterschiede in der Oberflächenrauhigkeit hinweist, weniger auf unterschiedlichen Wassergehalt des Substrats, geschweige denn auf subkutane Radar-Interfaces

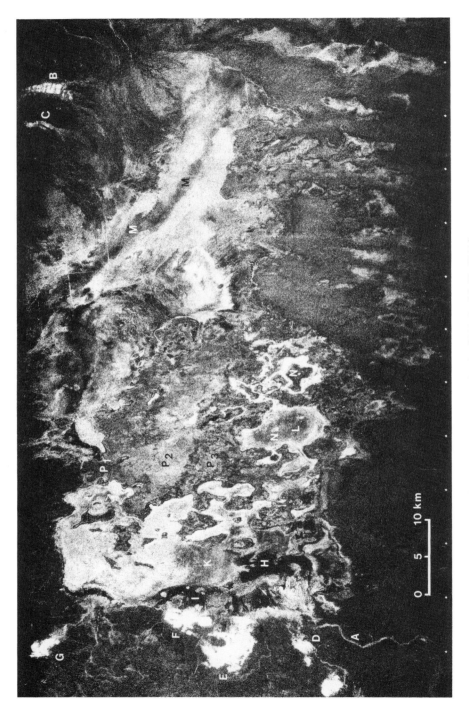

Foto 4: Chott Merouane und Chott Melrhir und ihre Peripherie (SIR-A, 14.11.1981)

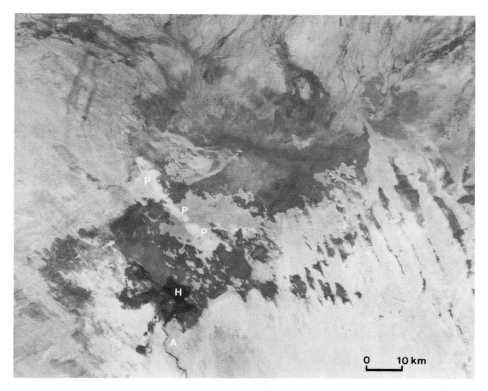

Foto 5: Chott Merouane und Chott Melrhir und ihre Peripherie (Landsat, 0,8 - 1,1 μm, 15.12.1981)

oder gar substratinterne Inhomogenitäten, was noch zu belegen sein wird. Insgesamt erscheint die interne Strukturierung von Chott Merouane heterogener als die von Chott Melrhir, was wohl mit der dort größeren Überflutungsfrequenz, zeitlich und räumlich, in Zusammenhang steht. Das Hinterland von Chott Melrhir, das Aures-Gebirge, kann im Jahresmittel nämlich nahezu 400 mm an Niederschlag verbuchen.

Der Besuch von Chott bel Djeloud im südöstlichen Teil von Chott Merouane, ca. 105 km nördlich El Oued, sollte Klarheit schaffen über die in diesem Bereich anzutreffenden Oberflächentypen wie auch über die substratinterne Differenzierung. Zu diesem Zweck wurden umfangreiche Begehungen und mehrere Grabungen durchgeführt.

Die ergrabenen Profile (Foto 6a und 6b) wie auch deren physiko-chemische Da-

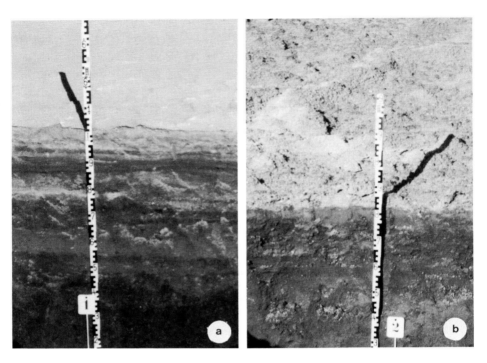

Foto 6a: Stratifizierter gipsiger Solonchak mit relativ hoher Grundfeuchte und radar-glatter Oberfläche (Salz-/Gipskruste) am Rande von Chott bel Djeloud (13.2.1984)

Foto 6b: Relativ homogener gipsiger Solonchak mit sehr hoher Grundfeuchte und radar-rauher Oberfläche (Gips-/Salzkruste) inmitten von Chott del Djeloud (13.2.1984)

ten (Fig. 2) belegen die starke hydro- und halomorphe Beeinflussung des Substrats. Beide Profile stellen Solonchake dar mit allerdings starker Gipsbeteiligung. Von evaporativ-kapillarer Anreicherung zeugt die Zunahme des Salzgehaltes um 300 - 400 % in den oberen 15 cm des Substrats. Die Profilwände sind durchgehend frisch bis naß, mit steter Zunahme des Frischegrades in die Tiefe. Dementsprechend darf die Penetration des Substrats durch SIR-A als relativ gering eingestuft werden. Bei einem geschätzten Wassergehalt von 0,4 - 0,5 g/cm^3 darf für sandige Tonböden eine Skintiefe von ca. 10 cm bei einer Frequenz von 1,5 GHz angesetzt werden (Cihlar & Ulaby, 1974).

Substratinterne Grobkomponenten, zum Beispiel Konkretionen, wurden nicht gefunden, wohl aber eine gewisse Stratifizierung in Profil 1, welches gelinde

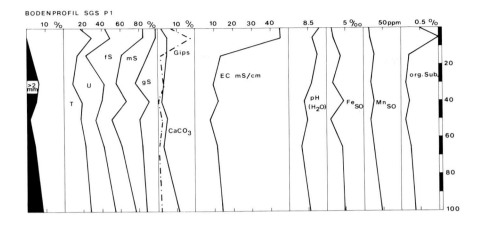

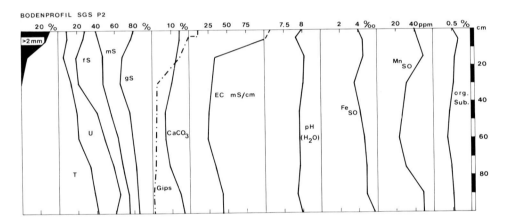

Fig. 2: Physiko-chemische Charakteristika der untersuchten Solonchake (Profile 1 und 2)

höher und näher am Schottrand liegt als Profil 2. Diese Stratifizierung ist das Ergebnis wechselnder subaerisch äolischer und inaquatischer Sedimentation. Die größere Homogenisierung in Profil 2 ist sicherlich auf zunehmende aquatische Einflußnahme zurückzuführen. Mit hoher Wahrscheinlichkeit kommt diesen Faktoren wenig Bedeutung zu für das Rückstrahlverhalten. Ungewöhnlich ist die starke Sandkomponente im Substrat, die in Playas eigentlich nicht erwartet wird. Sie ist einmal auf rezente Übersandung zurückzuführen, liegt aber auch begründet in der Sandhaltigkeit der pontischen Sedimente, denn nicht immer kommen die Sande aus dem Grand Erg Oriental.

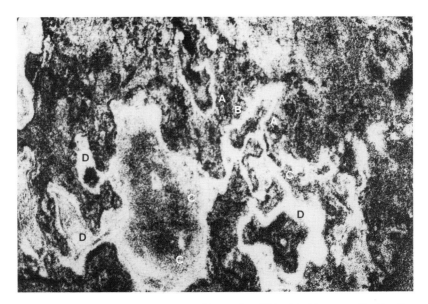

Foto 7: Ausschnittvergrößerung aus Foto 4: Südostteil von Chott Merouane (SIR-A, 14.11.1981)

Profil 1 (Foto 6a) schließt nach oben ab mit einer sehr dünnen Salz-/Gipskruste, die relativ plan ohne nennenswerte Reliefrauhigkeiten in Erscheinung tritt: eine radar-glatte Fläche, die, wenn groß genug, relativ dunkel sein müßte. Leider treten in der Nachbarschaft immer wieder Oberflächen auf, geprägt durch kleine Nebkhas, die sich anlehnen an Zwergsträucher wie Anabasis articulata und Salsola foetida (Foto 8a). Diese Oberflächen stellen Bereiche höherer Rauhigkeit dar, die eine größere Helligkeit verbürgen, und übertönen oft kleinere Areale geringerer Rauhigkeit. Andererseits ist es wiederum so, daß die Assoziation von randlichem Kliff und schmaler Nebkhenzone es häufig nicht gestattet, auf den SIR-A-Aufnahmen (Foto 7,A) beide voneinander zu trennen, denn jene ca. 6 m hohen Kliffs, die dem Radarsignal zugewandt sind, reflektieren sehr stark (Foto 7,B). Letzteres stimmt überein mit den Untersuchungen von Rébillard & Ballais (1984).

Profil 2 (Foto 6b) liegt weiter im Schott und zeigt dementsprechend eine echte, ca. 5 cm mächtige Salz-/Gipskruste, deren Beulenstruktur nicht nur auf starke phreatische Beeinflussung, sondern auch auf hohe Beteiligung von Na-Salzen hinweist (Foto 8b). Dieser Typus von Oberfläche erscheint als mittel bis stark rauh im Radarbild (Foto 7,C), wohl auch deshalb, weil die

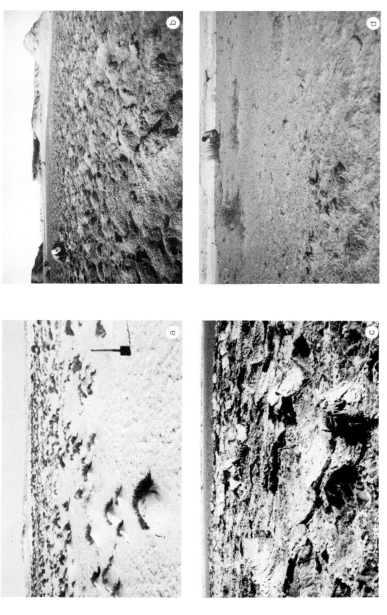

Foto 8a: Relativ radar-rauhe Oberfläche besetzt mit Nebkhas, gebunden an Zwergsträucher im Lee der Kliffs von Chott Merouane

Foto 8b: Radar-rauhe Oberfläche, phreatisch beeinflußt, mit Salzbeulenstrukturen, mehr im Inneren von Chott bel Djeloud mit Korrosionskuppe und Kliff

Foto 8c: Extrem radar-rauhes Salzschollenrelief, gebunden an Areale mit starker phreatischer Beeinflussung

Foto 8d: Gemäßigt radar-rauhe Oberfläche der Gipskrusten zwischen Chott Merouane und Chott Melrhir (13.2.1984)

nicht immer intakten Beulen einen erhöhten Volumenstreukoeffizienten bewirken.

Sehr häufig geht dieser Oberflächentypus über in den wohl rauhesten im Playabereich (Foto 7,D), Felder massiver, gegeneinander verkippter Salzschollen (Foto 8c). Beide Oberflächentypen sind in den benachbarten Schotts sehr weit verbreitet, vornehmlich dort, wo weniger überflutet wird. In stärker überfluteten Bereichen, die allerdings im Gelände nicht berührt wurden, sind Oberflächen geringerer Rauhigkeit zu erwarten, so wie im Randbereich des stehenden Wassers auf Chott Merouane (Foto 4,K,L) oder im Zentrum von Chott Melrhir (Foto 4,M) zu ersehen. Dort sollten großflächige, weniger strukturierte Salzkrusten auftreten in Analogie zu Beobachtungen, die auf Chott El Djerid gemacht werden konnten (Meckelein 1977).

Isolierte, punkthafte, helle Areale inmitten von Chott Merouane mit oder ohne dunklen Kern, stellen im SIR-A-Bild (Foto 4,N) Korrosionskuppen (ohne dunklen Kern) oder Korrosionstafelberge (mit dunklem Kern) dar: Foto 8b zeigt am rechten Rand eine derartige Korrosionskuppe.

Abschließend muß zur internen Differenzierung der Salzkrusten-Playas auf dem SIR-A-Bild festgehalten werden, daß nicht evaluiert werden konnte, inwieweit die auf unterschiedlichem Chemismus der Oberflächenkrusten beruhenden Dielektrizitätskonstanten den Rückstreuquerschnitt beeinflußten bzw. nicht hie und da doch Volumenstreuung infolge Penetration auftrat. Die Dielektrizitätskonstante von Steinsalz (NaCl) liegt unter jener von $CaCO_3$, und die von $CaSO_4$ kann - je nach Hydrationsgrad - die Bereiche beider einschließen und noch darüber hinausgehen. Hier hätten nur Messungen weitergeholfen, zumal in natura häufig Salzgemische auftreten.

Die Abgrenzung der Salzkrusten-Playas läßt sich auf dem SIR-A-Bild (Foto 4) auf Anhieb nicht besser als auf einer Landsataufnahme (Foto 5) vornehmen; insbesondere gilt das für die südlichen Randbereiche der Schotts. Die Landsataufnahme zeigt dem ungeübten Auge sogar die Landbrücke zwischen Chott Merouane und Chott Melrhir deutlicher, allerdings auch wesentlich weniger differenziert. Die Oberfläche dieser Landbrücke besteht hauptsächlich aus einer relativ planen Gipskruste (Foto 8d), welche unterschiedlich stark übersandet und mit ca. 0,5 m hohen Zwergsträuchern im Abstand von wenigen Metern bewachsen ist. Die Mächtigkeit dieser Kruste beläuft sich auf maximal 1 m und ist als Deckgestein der Kliffs auf Foto 8b gut zu erkennen. Die Rauhigkeit dieser Kruste ist zumeist geringer als die der Oberflächen in den Schotts.

Sehr deutlich zeigt die Landsataufnahme (Foto 5,P) eine große Sandzunge auf dieser Landbrücke. Diese und einige weiter östlich liegende Sandakkumulationen zeigt das Radarbild nicht. Den Untersuchungen von Rébillard & Ballais (1984) zufolge handelt es sich hier um wohl sortierte gipsige Quarzsande, deren Mächtigkeit im Norden der Landbrücke 1 m und im Süden nur noch 0,15 m ausmacht. Im Süden soll die Sandschicht zweigliedrig sein und aus 9 cm trockenem Gipssand bestehen, unterlagert von 6 cm gering feuchtem Sand auf Gipsgestein. Rébillard & Ballais interpretieren hier ein Radar-Interface, was sehr zweifelhaft erscheint, zumal sie selbst unspezifiziert von nur "some moisture" sprechen. Es ist nicht einmal gewährleistet, daß diese Substratfeuchte überhaupt zur Zeit der Radaraufnahme vorhanden war. Die Klassifizierung des Sandstreifens auf dem Radarbild (Foto 4) seitens dieser Autoren als relativ hell, hält einer genaueren Überprüfung nicht stand, denn gerade im Nordteil dunkelt dieser Streifen zunehmend (P,1), während im Süden sich auch dunklere Töne, allerdings in Bandtextur (P,3), einstellen. Somit kann diese Dunkelung nicht einfach als distanziell bedingt, als reichweitenabhängig, betrachtet werden.

Übereinstimmung besteht insoweit, als zweifelsfrei Penetration der Sande gegeben ist. Konform mit der Abnahme der Sandmächtigkeit geht zunächst einmal die Aufhellung in der Sandzone nach Süden (P,2), die auf ein Radar-Interface zurückzuführen ist, welche aber wohl von der Oberfläche der subkutanen Gipskruste gestellt wird und nicht von einem sandinternen Interface. Die sehr dunklen Grauwerte im N-Teil des Sandstreifens müssen als Ergebnis von Absorption in mächtigen Sanden gesehen werden. Wahrscheinlich liegen die Sandmächtigkeiten im Nordteil der Landbrücke wesentlich höher als bei nur 1 m. Die Laminartexturen im Südteil der Sandzunge (P,3) weisen deutlich auf die Oberfläche der Kruste als Radar-Interface hin. Die Beschaffenheit der Kruste hier (P,3) muß allerdings anders sein als bei (P,2). Leider können dazu keine spezifischen Angaben gemacht werden. Diese Deutung gewinnt wegen der zu erwartenden sehr geringen Verlustwinkel noch mehr an Gewicht dadurch, daß die gleichen Bildtexturen im Mittel- und Südteil des Sandstreifens auch außerhalb desselben im subaerischen Teil der Gipskrusten zu finden sind.

Ein detaillierter Blick auf den Ostrand von Chott Melrhir soll die Frage des Verhaltens von Sanden im SIR-A-Bild nochmals aufnehmen. Gegenübergestellt werden Ausschnittsvergrößerungen (Fotos 9a und 9b) aus Landsat- (Foto 5) und SIR-A-Aufnahme (Foto 4). In diesem Bildbereich treten von Westen nach Osten folgende Schotts in Erscheinung: Chott bou Chekoua (A), Chott es

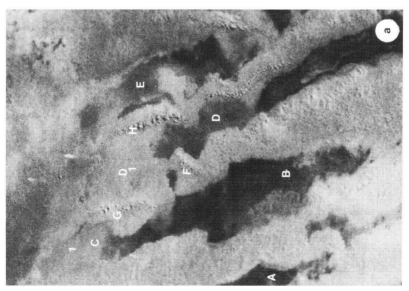
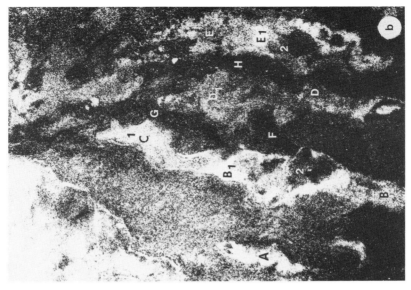

Foto 9a: Ausschnittsvergrößerung aus Foto 5: Östliche Peripherie von Chott Melrhir mit isolierten Schotts und Sandarealen (Landsat, 0,8 - 1,1 μm, 15.12.1981)

Foto 9b: Ausschnittsvergrößerung aus Foto 4: Östliche Peripherie von Chott Melrhir mit isolierten Schotts und Sandarealen (SIR-A, 14.11.1981)

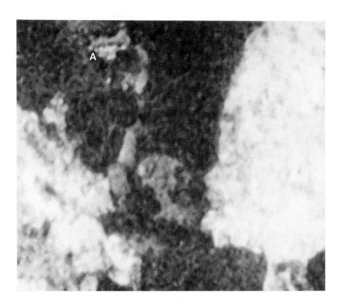

Foto 10: Ausschnittvergrößerung aus Foto 1: Guettaiet el Bradgenia mit radarrauhen fossilen Dünen (A) inmitten von Sebkhet Sidi el Hani

Seial (B) - welches sich nach Norden in Chott Besseroiy (C) fortsetzt -, Chott el Aguila (D) und Chott Djerabâa (E). Die Landsataufnahme (Foto 9a) zeigt hier ein deutlich aufgesetztes Dünenrelief (F,G,H), welches nahezu schwarz auf der SIR-A-Aufnahme (Foto 9b,F,G,H) wiedergegeben wird. Das sind eindeutige Belege für Absorption von Radarwellen in mächtigem rezentem äolischem Lockersubstrat. In Analogie zu den Aussagen von Schaber et al. (1986) können hier Sandmächtigkeiten von >3 m angenommen werden.

In diesem Zusammenhang sei nochmals verwiesen auf Sebkhet Sidi el Hani (Foto 10), dessen nördliche Insel, das Guettaiet el Bradgenia (A), fossile Dünenzüge mit starker interner Karbonatisierung aufweist, welche auch morphographisch im SIR-A-Bild in Erscheinung treten. Hier spielt die Absorption wegen der internen Substratverfestigung und der relativ hohen Grundfeuchte keine Rolle.

Auch die kleinen Schotts lassen sehr gut ihre interne Oberflächenstrukturierung auf dem Radarbild erkennen (Foto 9b), so Übersandung bei C,1 und D,1. Die nördlichen Teile dieser Schotts sind auf dem Landsatbild (Foto 9a) wegen der Übersandung kaum auszumachen. SIR-A durchschlägt die Sandbedeckung von allenfalls wenigen Dezimetern und legt die Konturen der Schotts wieder frei, und zwar dadurch, daß die eigentliche Schottoberfläche als relativ rauhes subkutanes Radar-Interface in Erscheinung tritt. Die Unterschiede in der Tönung von C,1 zu D,1 auf dem SIR-A-Bild sind eher als Folge unterschiedlich mächtiger Sandauflage denn als Folge andersartiger Beschaffenheit des subkutanen Interface zu deuten. Dafür spricht auch die beidseitige Rahmung von Chott el Aguila (D) durch Dünen.

Auch in den Oberflächen der kleinen Schotts können auf dem SIR-A-Bild extrem radar-rauhe (B1, E1) und auch glatte Oberflächen (B2, E2) festgestellt werden. Diese sind analog zu jenen auf den großen Schotts zu deuten, sowohl was ihre Genese als auch was ihre Verbreitung anbetrifft.

5. Schlußfolgerungen

Es konnte hinlänglich belegt werden, wie unentbehrlich Radaraufnahmen für die großflächige Erfassung und Kartierung von geomorphologischen Oberflächentypen sind, besonders im wenig zugänglichen Playamilieu. Diese Feststellung gilt insbesondere für phreatisch beeinflußte Playas und unter diesen vor allem jenen, die Salzkrusten aufweisen.

Offenbar wurde die Bedeutung der Gelände- und auch der Laborarbeit, um schon im qualitativen und halbquantitativen Bereich der Bildanalyse zu nicht gänzlich falschen Aussagen zu kommen. Unumgänglich, gerade für den Geographen, wird die eingehende Beschäftigung mit den physikalischen Grundlagen des Radar. Bei der quantitativen Analyse gilt es vor allem, Messungen über substratspezifische komplexe dielektrische Eigenheiten entweder im Labor, besser noch im Gelände vorzunehmen.

Ganz wichtig ist die exakte Korrelierung der Gelände- mit der Bildinformation. Hochgenaue Navigationssysteme leisten hier unentbehrliche Hilfe.

Offenbar wurden aber auch gewisse Unzulänglichkeiten von Radaraufnahmen. Trotz hoher Auflösung von linienhaften Elementen - auf Foto 4 sind sogar die Trassen geoseismischer Traversen zu erkennen - bereitet die Wiedergabe äolischer Morphographie große Probleme. Hier sind die Systeme Landsat oder SPOT vorzuziehen. Man sollte jedoch diese kleine Unzulänglichkeit nicht beklagen, sondern sich darüber freuen, daß mittels Radar zusätzliche Informationen über Substratmächtigkeit, interne Substratdifferenzierung und über die Beschaffenheit subkutaner Diskontinuitätsflächen gewonnen werden können. Die vorhandenen Systeme sollten assoziativ eingesetzt werden.

So leistet Landsat, wenn es um die Erfassung des Stoffeintrages über fließendes Wasser geht, zwar hervorragende Zubringerdienste, wie demonstriert werden konnte, doch erst die vergesellschaftete Betrachtung von Landsat und SIR-A erlaubte fundierte Rückschlüsse hinsichtlich der daraus resultierenden geomorphologischen Konsequenzen.

Anmerkung: The SIR-A photography has been provided by the National Space Science Data Center through the World Data Center A for Rockets and Satellites.

Literatur

Berlin, G.L. et al.: SIR-B Subsurface Imaging of a Sand-Buried Landscape: Al Labbah Plateau, Saudi Arabia. - IEEE, Transactions On Geoscience And Remote Sensing, Vol. GE-24, No. 4, 1986, p. 595-602.

Breed, C. et al.: Use of the Space Shuttle for Remote Sensing Research: Recent Results and Future Prospects. - Science 218, 1982, p. 993-1003.

Castany, G., R. Dégallier & Ch. Domergue: Les grands Problêmes D'Hydrogéologie En Tunisie. - XIXème Congrès Géol. Int., Monogr.Rég., 2e Série: Tunisie, No. 3, Tunis 1952, 152 p.

Cihlar, H. & F.T. Ulaby: Dielectric Properties Of Soils As A Function Of Moisture Content. - Rem.Sensing Lab., Tech. Rpt. 172-47, Contract NAS 9-10261. The University of Kansas, Lawrence, 1974, 61 p.

Fung, A.K. & Ulaby, F.T.: Matter-Energy Interaction in the Microwave Region. - In: Manual Of Remote Sensing, ed. by R.N. Colwell, Vol. 1 2nd Ed., 1983, p. 115-164.

Goldsmith, F.B. & N. Smart: Age, spacing and growth rate of Tamarix as an indication of lake boundary fluctuations at Sebkhet Kelbia, Tunisia. - J. Arid Env., Vol. 5, 1982, p. 43-51.

Hollis, G.E. & Kallel, M.R.: Modelling natural and man-induced hydrological changes on Sebkhet Kelbia, Tunisia.-Trans. Inst. Br. Geogr., N.S., Vol. 11, 1985, p. 86-104.

McCauley, J.F. et al.: Subsurface Valleys and Geoarcheology of the Eastern Sahara Revealed by Shuttle Radar.-Science 218, 1982, p. 1004-1020.

McCauley, J.F. et al.: Paleodrainages of the Eastern Sahara - The Radar Rivers Revisited (SIR-A/B Implications for a Midtertiary Trans-African-Drainage System). - IEEE Transactions On Geoscience And Remote Sensing, Vol. GE-24, No. 4, 1986, p. 624-647.

Meckelein, W.: Zur Geomorphologie des Chott Djerid. - In: Geographische Untersuchungen am Nordrand der tunesischen Sahara, hrsg. v. W. Meckelein = Stuttgarter Geogr. Studien 91, 1977, S. 247-298.

Moore, R.K.: Radar Fundamentals and Scatterometers. - In: Manual Of Remote Sensing, ed. by R.N. Colwell, Vol. 1, 2nd Ed., 1983, p. 369-427.

Moore, R.K. et al.: Imaging Radar Systems. - In: Manual of Remote Sensing, ed. by R.N. Colwell, Vol. 1, 2nd Ed., 1983, p. 429-474.

Nesson, Cl. et al.: L'Evolution Des Ressources Hydrauliques Dans Les Oasis Du Bas-Sahara Algerien. - Mem. et Doc., Nouv. Série, Vol. 17, 1975.

Rébillard, Ph. & Ballais, J.L.: Surficial deposits of two Algerian playas as seen on SIR-A, Seasat and Landsat coregistered data. - Z. Geom., N.F., Vol. 28, No. 4, 1984, p. 483-498.

Schaber, G.G., G.L. Berlin & W.E. Brown: Variations in Surface Roughness within Death Valley, California: Geologic evaluation of 25-cm-Wavelength Radar Images. - Geol. Soc. Amer., Bull., Vol. 87, 1976, p. 29-41.

Schaber, G.G. et al.: Shuttle Imaging Radar: Physical Controls on Signal Penetration and Subsurface Scattering in the Eastern Sahara. - IEEE, Transactions On Geoscience And Remote Sensing, Vol. GE-24, No. 4, 1986, p. 603-624.

Simonett, D.S. & Davis, R.E.: Image Analysis-Active Microwave. - In: Manual Of Remote Sensing, ed. by R.N. Colwell, Vol. 1, 2nd Ed., p. 1125-1181.

Ulaby, F.T., L.F. Dellwig & Th. Schmugge: Satellite microwave observations of the Utah Great Salt Lake Desert. - Radio Science, Vol. 10, No. 11, 1975, p. 947-963.

Wehmeier, E.: Die Erfassung der Oberflächenvarianz eines Endsees über das Satellitenbild (Beispiel: Birket Zeitun, Ägypten. - In: Festschrift für Wolfgang Meckelein, hrsg. v. Ch. Borcherdt & R. Grotz = Stuttgarter Geogr. Studien 93, 1979, S. 125-134.

Wehmeier, E.: Playaoberflächen im Landsatbild. - Grauwerte als Informationsträger für hydrodynamisches Geschehen. Geomethodica. Vol. 71, 1982, S. 105-123.

Anschrift der Autoren: Dr. Eckhard Wehmeier und Dr. Reiner Vogg, Geographisches Institut der Universität Stuttgart, Silcherstraße 9, D-7000 Stuttgart 1

Forschungen in Sahara und Sahel I, hrsg. von R. Vogg
Stuttgarter Geographische Studien, Bd. 106, 1987

IMAGES SATELLITES ET MESURES DE TERRAIN
POUR UNE APPROCHE QUANTITATIVE DES SYSTEMES DUNAIRES
DU GRAND ERG ORIENTAL
- RELATION AVEC L'ENSABLEMENT DES OASIS PERIPHERIQUES -

par Monique Mainguet et Marie-Christine Chemin

Zusammenfassung: Quantitative Untersuchungen in Dünensystemen des Großen Östlichen Erg anhand von Satellitenbildern und eigenen Messungen im Gelände im Zusammenhang mit der Versandung der randlichen Oasen

Der Große Östliche Erg bildet eine dynamisch-funktionelle Einheit bei vorwiegend antizyklonaler Windbewegung. In dieser Einheit läßt sich jedoch eine stärker ausgeprägte Dynamik unterscheiden, wobei sekundäre Windrichtungen ebenfalls eine bedeutsame Rolle spielen. Regional gesehen werden den nördlichen, nordwestlichen und nordöstlichen Teilen des Ergs bedeutende Sandmengen zugeführt. Das Sandmaterial ist fein, noch relativ wenig zugerundet und leicht beweglich. Es bildet Nebkas, Barchane, Echodünen und gewisse Depotdünen; ebenfalls kleine Ghroud.

In den südlichen, südwestlichen und südöstlichen Teilen ist eine deutliche Abnahme des Sandmaterials festzustellen. Das Material ist gröber, stärker zugerundet und fossilisiert durch Verfestigung. Es stellt das Residualmaterial der Ausblasung dar und bildet Dünenketten, die durch längsgerichtete Korridore, in denen die Deflation überwiegt, voneinander getrennt sind. Lokal gesehen bestehen Teile der Dünen aus mobilem und feinem Material wie zum Beispiel die Gipfel der Ghroud und die Kämme der Barchane. Andere Teile der Dünen sind fixiert mit grobem, verfestigtem Material wie zum Beispiel die Basis der Ghroud oder die Rücken der Barchane sowie Längsdünen.

Summary: Quantitative investigations in dune-systems of the Great Eastern Desert by means of satellite pictures and own field measurements in connection with the sand encroachment in peripheral oases

The Great Eastern Desert from a dynamic-functional unit under the influence of primarily anticyclonal winds. However, in this unit a stronger dynamic can be distinguished. Secondary wind directions also play an important role. Regionally, greater amounts of sand are accumulated in the northern, northwestern and northeastern parts of the Erg. This sandy material is fine, still relatively little rounded and easily movable. It forms nebkas, barchans, echo-dunes, certain depot dunes and small ghroud.

In the southern, southwestern and southeastern parts a distincitive decrease of sandy material can be observed. This material is coarser, more rounded, and fossilized through consolidation. It represents the residual material of deflation and forms dune chains which are seperated by longitudinal corridors in which deflation predominates. Locally, parts of the dunes consist of mobile and fine material. Examples herefore are the peaks of the ghroud and the crests of the barchans. Other parts of the dunes are fixed with coarse, consolidated material; examples herefore are the bottoms of the ghroud or the backs of the barchans as well as longitudinal dunes.

Résumé: Le Grand Erg Oriental constitue une unite dynamique fonctionnelle vis-à-vis d'une circulation éolienne à disposition dominante anticyclonique.

L'échelle d'étude de cet ensemble nous amène néanmoins à distinguer des comportements dynamiques plus nuancés faisant intervenir des directions éoliennes secondaires.

A l'échelle régionale (Fig. 9), les parties Nord, NO et NE de l'erg ont un budget sédimentaire positif où l'apport de sable est supérieur au départ. Le matériel sableux est fin, encore relativement peu émoussé, aisément mobilisable par les vents. Il constitue les édifices de relais de transport: nebkas, édifices barkhaniques, remontées et retombées éoliennes, dunes d'écho, et certains édifices de dépôt: petits ghourds en semis.

Dans les parties Sud, SE et SO de l'erg, une évolution dynamique se produit vers un budget sédimentaire négatif. Le matériel sableux est plus grossier, plus émoussé; le matériel fin a été exporté ou fossilisé par le pavage résidu du vannage éolien. Il constitue des chaînes ghourdiques séparées par des couloirs longitudinaux où l'érosion domine.

A l'échelle locale, certaines parties des édifices sont plus mobiles, avec du matériel fin: sommet des ghourds, crêtes des édifices barkhaniques. D'autres sont fixées avec du matériel grossier de pavage: base des ghourds, dos des édifices barkhaniques et cordons longitudinaux.

1. Aspects généraux

Le Grand Erg Oriental, le plus septentrional des Ergs sahariens, s'amorce immédiatement au Sud des chotts Melrhir et El Jerid vers 34° N. Il appartient dans sa moitié Nord au domaine sub-méditerranéen avec un système d'oueds situés au NO. La moitié Sud de l'Erg, appartenant au domaine Nord saharien, est limitée à l'ouest par l'ensemble topographique Tademait-Chaamba, vers 40° E, qui le sépare du Grand Erg Occidental, et s'étend vers l'Est jusqu'à 100° E. Cette partie méridionale de l'Erg est divisée par'un couloir de déflation pauvre en sable, le Gassi Touil, et limitée de façon rectiligne, vers le Sud, par le plateau de Tinhrert vers 28° 30 N.

Le Grand Erg Oriental, dont la superficie est de 192.000 km^2, est en position de contre pente par rapport au vent dominant alizé puisque sa limite Nord s'amorce au Sud des chotts septentrionaux à moins 12 m d'altitude et qu'il atteint 379 m au Sud de Hassi Bel Guebbour.

2. Caractéristiques thermiques

Des mesures de température réalisées le long d'un itinéraire Tozeur-plateau de Tinhrert ont permis d'esquisser certaines caractéristiques thermiques du Grand Erg Oriental.

Les températures portées sur la figure 1 ont été mesurées à 2 m de hauteur dans l'ensemble de l'Erg à différentes heures. On y observe la classique élévation des températures de l'aube à la mi-journée et une diminution en fin d'apres-midi. On ne discerne pas, à heure identique, une différence entre le Nord et le Sud de l'erg.

Les températures mesurées à Hassi Bel Guebbour (Fig. 2), dans le Sud de l'erg, de 6^h à 19^h, à différentes hauteurs, permettent certaines observations de caractère local:

- Les températures croissent jusqu'à 15^h, avec une augmentation plus marquée

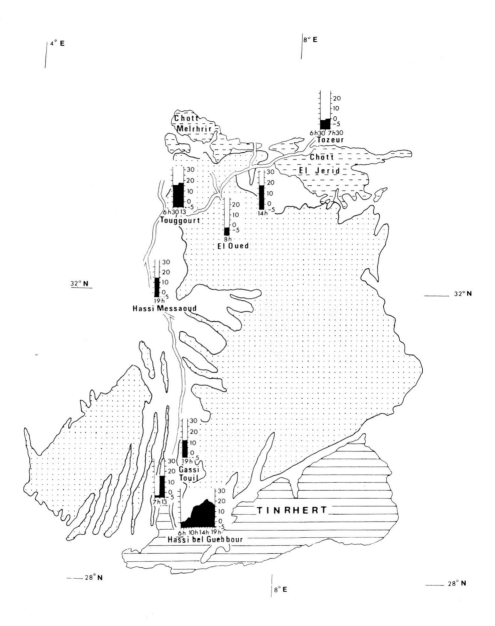

Fig. 1: Températures mesurées à 2 m hauteur à différentes heures

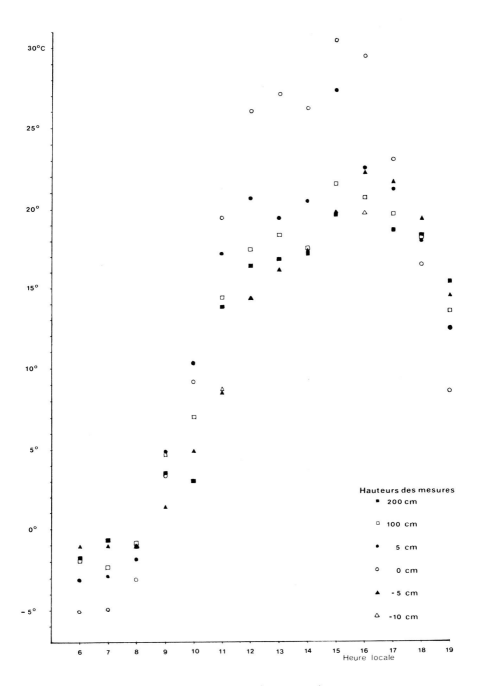

Fig. 2: Températures à Hassi Bel Guebbour (19.2.1984)

entre 8^h et 11^h. La baisse la plus forte se situe entre 16^h et 17^h et se poursuit régulièrement jusqu'à 19^h.

- Le refroidissement de la nuit affecte principalement la surface du sol. L'atmosphère se refroidit d'autant moins que l'on s'élève au-dessus du sol. Le proche sous-sol est le moins froid.
- Le réchauffement de la matinée affecte d'abord l'atmosphère à 2 m puis à 1 m. L'évolution se poursuivant, la température de la surface du sol devient la plus forte. Le proche sous-sol demeure le plus frais.

En résumé, le sous-sol se refroidit et se réchauffe moins vite que la surface du sol et que l'air. C'est la surface du sol qui subit les plus fortes amplitudes entre l'aube et le crépuscule.

3. Caractéristiques anémométriques

Une approche par la notion de budget sédimentaire

La notion fondamentale de budget sédimentaire permet d'aborder les courants éoliens à l'échelle de l'unité régionale que constitue le Grand Erg Oriental.

L'estimation du budget sédimentaire, pour savoir si l'erg est en train de s'enrichir en sable ou au contraire d'en perdre plus qu'il n'en gagne, permet aussi d'établir à l'échelle régionale la direction des vents dominants et leur efficacité à transporter, déposer ou prendre en charge les particules sableuses. Cette estimation peut être réalisée à travers l'analyse de l'état de surface et de la densité des dunes de l'erg: chaque type d'édifice dunaire étant l'expression d'une dynamique éolienne de transport, de dépôt ou d'érosion mais aussi la réponse aux directions éoliennes.

Le Grand Erg Oriental possède trois familles de dunes (Fig. 3):

- Dans le quart NO de l'erg les sifs, dunes de transport indicateurs d'un régime éolien à deux directions dominantes, sont les dunes les plus fréquentes.
- Les chaînes transverses s'étendent au NE et longent la bordure orientale de l'erg. Orientés NO-SE, ces édifices indicateurs d'un budget sédimentaire positif et d'un régime éolien monodirectionnel sont perpendiculaires au vent dominant NE-SO.
- Les ghourds, famille de dune de dépôt, occupent la plus grande part de l'erg et suggèrent un bilan sédimentaire de transition positif passant à un budget

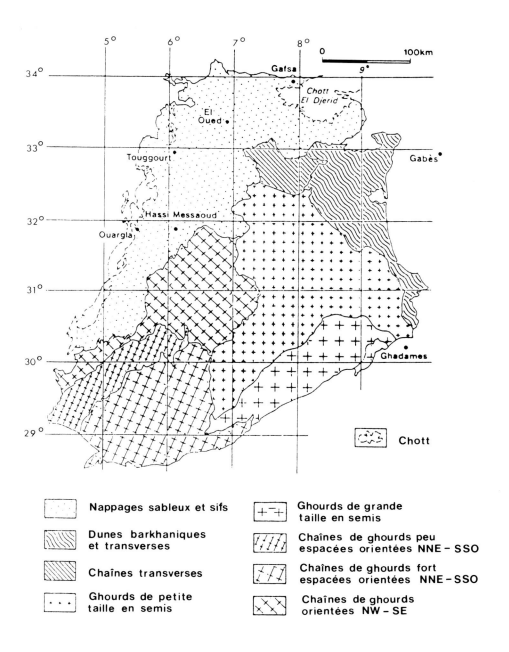

Fig. 3: Grand Erg Oriental. Edifices dunaires

négatif. En effet la disposition spécifique de ghourds en chaînes séparées par des couloirs implique la substitution, à la dynamique de dépôt, d'un mécanisme d'exportation donc le passage à un bilan sédimentaire négatif.

Les ghourds en semis qui occupent le centre et le SE de l'erg sont une réponse à un régime anémométrique à trois directions ou sans direction dominante mais où intervient une forte composante verticale.

Toute la partie SO de l'erg est composée de chaînes ghourdiques; certaines sont orientées NO-SE d'autres NNE-SSO.

L'étude des épaisseurs de sable met en évidence l'accroissement de la couverture sableuse du Nord vers le Sud, simultanément à la remontée de la topographie, avec deux aires d'accumulation maximale au SO et au SE. Cette accumulation croissante du Nord vers le Sud est la réponse aux vents dominants NNE-SSO.

Une approche par les mesures de terrain

Le long de l'itinéraire Kairowan-Tamanrasset à travers le Grand Erg Oriental et le plateau de Tinrhert, du 11 au 23 février 1984, des mesures anémométriques ont été effectuées:

- des sens et directions du vent du jour qui révèlent les directions régionales et saisonnières;
- des sens et directions des axes barkhaniques et des stries de corrasion (critères géomorphologiques des vents les plus stables à l'échelle historique);
- des axes des nebkas et des axes perpendiculaires aux ripple-marks (indicateurs géomorphologiques des vents de courte durée) (Fig. 4).

Au Nord du Grand Erg Oriental, la région des chotts reçoit, en provenance de la zone méditerranéenne, dans sa partie ouest des vents de NO devenant NNO à Nord vers l'Est.

Au Centre Ouest du Grand Erg Oriental, les directions dominantes observées sont NE.

Au Sud-Ouest du Grand Erg Oriental, les vents dominants soufflent du Nord. Les gassi et, principalement, le Gassi Touil, s'alignent sur cette direction.

Sur la hamada de Tinrhert, les vents du jour et les axes de nebkas indiquent des directions Nord, NNE à NE. Les vents stables à l'échelle géologiques, mesurables sur les stries de corrasion dans les calcaires turoniens, sont

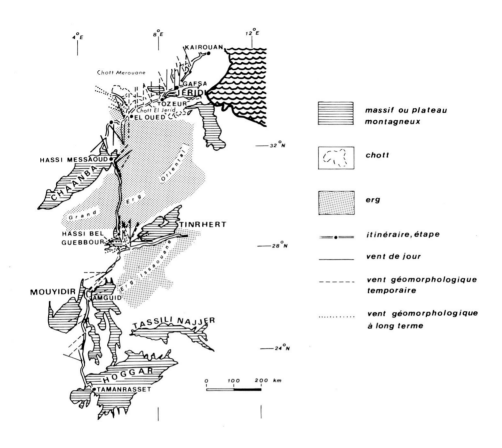

Fig. 4: Relevé anémométrique le long d'un itinéraire Kairouan-Tamanrasset du 11.02.84 au 22.02.84

orientés OSO-ENE 240 à 270°.

La hamada de Tinrhert et le Sud du Grand Erg Oriental subissent un régime éolien avec des vents en opposition OSO-ENE et ENE-OSO.

La circulation atmosphérique au-dessus du Grand Erg Oriental s'apparente à une circulation dans le sens des aiguilles d'une montre, en direction de l'erg dans sa partie nord et en provenance de celui-ci dans sa partie ouest et sud-ouest.

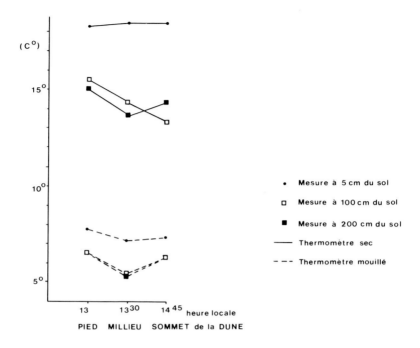

Fig. 5: Températures sur un Ghourd de l'Erg Oriental (18.02.84)

Les directions éoliennes du Sud et du Nord, au NO et au SE de l'erg, sont matérialisées par les couloirs interdunaires orientés Nord-Sud entre les chaînes ghourdiques de l'erg.

Une approche à l'échelle de la pyramide ghourdique

Les températures sur un ghourd du Grand Erg Oriental le 18 février 1984 de 13^h à $13^h\ 45^m$, au pied, au milieu et au sommet de la dune ont été mesurées avec un thermomètre sec et un thermomètre mouillé à 5 cm, 1 m et 2 m au-dessus de la surface du sol (Fig. 5). Cette étude permet d'ébaucher certaines caractéristiques microthermiques d'une dune:

- Les températures mesurées à 5 cm du sol sont les plus élevées. Elles croissent à mi-hauteur de la dune et se stabilisent jusqu'au sommet avec le thermomètre sec. Avec le thermomètre mouillé, les températures s'abaissent au milieu de la dune et remontent légèrement au sommet.

- A 1 m du sol, les températures s'abaissent régulièrement du pied au sommet de la dune avec le thermomètre sec. Avec le thermomètre mouillé, elles diminuent du pied au milieu du ghourd et remontent au sommet.
- A 2 m du sol, les deux thermomètres indiquent des températures s'abaissant du pied à mi-pente et remontant au sommet de la dune.

Le même jour, les mesures de vent ont été réalisées au pied du ghourd à 310 m, à mi-hauteur à 360 m, au sommet à 410 m, tous les quarts d'heure de 13^h à 15^h 30^m à 50 cm et 1,55 m au-dessus de la surface du sol (Fig. 6).

Les vitesses des vents sont plus élevées au début de l'expérience et à 1,5 m du sol, leur diminution à partir de 14^h est plus sensible au pied de la dune qu'au sommet. On observe au même moment des directions éoliennes en opposition entre la base et le sommt de la dune.

Ces mesures apportent la preuve d'une grande complexité de la circulation de l'air à l'échelle d'un ghourd; bien que la direction dominante soit NE, des différences marquées entre vitesse et direction sont enregistrées selon l'heure et l'altitude, l'effet de freinage du sol s'exprime par des vitesses plus faibles à 50 cm qu'à 1,5 m du sol.

4. Le matériel sableux

Dix-huit échantillons de sable prélevés dans le Grand Erg Oriental, le long d'un itinéraire de Tozeur à Tomanrasset, dans différents édifices dunaires et à différentes hauteurs d'un même édifice ont été étudiés en laboratoire.

a) L ' a n a l y s e   g r a n u l o m é t r i q u e permet de discerner par l'intermédiaire des courbes et de différents indices certaines caractéristiques des sables à l'échelle du Grand Erg Oriental.

Les tailles modales les plus fréquentes sont comprises entre 160 et 630 μm et montrent la diversité de la granularité des sables. La fréquence maximale des modes est de 160 à 315 μm, taille représentative du sable actuellement mobilisable par le vent.

A l'echelle de l'erg, il n'apparaît pas une tendance générale de granocroissance ou granodécroissance du matériel sableux, mais les valeurs des QdPhi*), qui révèlent la qualité du tri du sable, diminuent du Nord au Sud de l'erg.

---

*) QdPhi de Krumbein: Ecart interquartile fondé sur le logarithme de base 2 du diamètre et mesurable sur la courbe semi-logarithmique de fréquence cumulative.

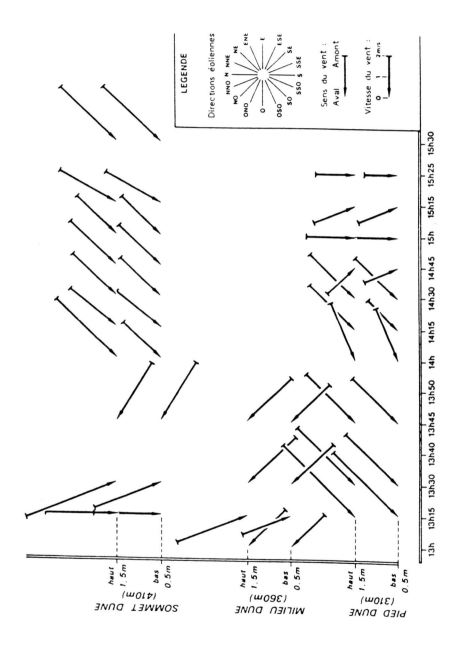

Fig. 6: Mesure anémométrique sur un ghourd de l'Erg Oriental à Hassi Bel Guebbour (18.02.84)

Les sables les moins bien triés sont ceux de la région de Tozeur au Nord (QdPhi = 0,60), les mieux triés sont ceux de l'extrême Sud de l'erg (QdPhi = 0,04) (Fig. 7).

L'étude réalisée selon la nature de la dune révèle que:

- les nebkas, remontées sableuses et dunes d'échos sont composés de matériel fin. Ces édifices expriment la dynamique de transport éolien actuel. Ils ont un QdPhi élevé signifiant un tri éolien médiocre;
- les édifices barkhaniques et pyramides ghourdiques sont composés de matériel fin à moyen avec, dans certains cas, l'existence d'un pavage grossier.

A l'échelle d'un même bouclier barkhanique, le sable du sommet est plus grossier (près de 20 % 630 µm) que le sable à mi-versant sous le vent (80 % 200 µm). La valeur du QdPhi est inférieure au sommet du bouclier qu'à mi-versant, le tri éolien y est donc plus accentué.

A l'échelle d'une même pyramide ghourdique, la règle de répartition granulométrique est inverse à celle du bouclier barkhanique. La taille modale du sable décroît de la base au sommet de la dune. On est donc obligé d'admettre que le sommet des ghourds possède une dynamique actuelle lui donnant une mobilité que la base, fixée par un pavage de particules grossières, ne possède pas. Sur un même ghourd, le sable du sommet (QdPhi = 0,06) est mieux trié que celui de la base (QdPhi = 0,36).

b) L'analyse morphoscopique, réalisée à la loupe binoculaire, permet d'obtenir les valeurs du coefficient d'émoussé du matériel.

La valeur des coefficients d'émoussé progresse avec l'augmentation de la taille des grains (Tab. 1).

Tab. 1: Valeur moyenne des coefficients d'émoussé par taille des grains

Diamètre µm	80	160	200	315	630
Coefficient d'émoussé	154	158	169	183	215

La valeur des coefficients d'émoussé progresse comme la qualité du tri (du Nord au Sud de l'erg (Fig. 8).

A l'échelle d'une même pyramide ghourdique, pour les sables de 200 µm, on note

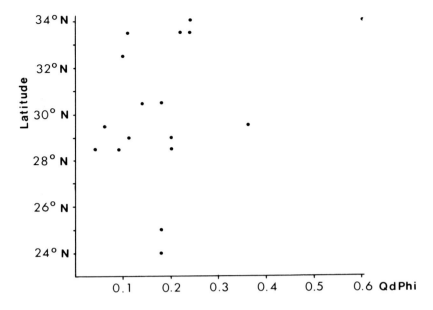

Fig. 7: Répartition spatiale des QdPhi dans le Grand Erg Oriental

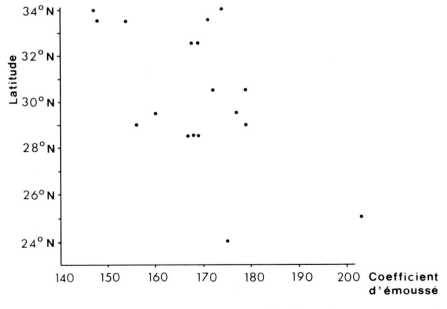

Fig. 8: Répartition spatiale des coefficients d'émoussé dans le Grand Erg Oriental

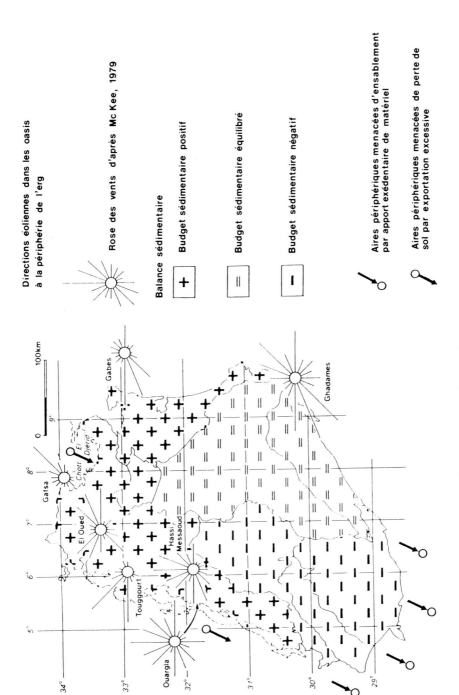

Fig. 9: Grand Erg Oriental. Directions éoliennes et balance sédimentaire

un émoussé des grains de la base de la dune (177) supérieur à celui des grains du sommet (160). On peut en déduire que le sable à 200 µm du sommet représente le transport actuel par saltation, celui de la base un stock plus ancien fréquemment fixé par les particules grossières résidus du vannage. Dans le cas d'un ghourd, le sommet est plus mobilisable par les vents que la base. L'ensemble de ces observations nous amène à confirmer que les différentes parties d'une même dune ont des dynamiques éoliennes différentes.

Conclusion

La connaissance de ces différentes dynamiques peut être utile à l'aménageur soucieux de la protection de l'environnement dans les aires entourant l'Erg.

On sait, en effet, qu'un Erg peut être un réservoir d'eau, en particulier lorsqu'il est à la transition d'une région semi-aride et d'une région aride, ce qui est le cas du Grand Erg Oriental. Ce réservoir d'eau restitue lentement à sa périphérie l'eau qu'il contient, d'où l'installation historique - et même préhistorique - des oasis.

Or, l'analyse du budget sédimentaire permet de distinguer:

1. Les aires où se localisent les oasis menacées d'ensablement le plus rapide: ce sont celles qui se trouvent sous le vent d'aires exportatrices de sable, à budget sédimentaire négatif;

2. Les aires à moindre risque d'ensablement sont les aires de transit, c'est-à-dire traversées par le sable qui alimente les secteurs de dépôt de l'Erg, à budget sédimentaire positif situées en aval vent. Dans ces aires de transit situées à l'amont vent des secteurs de dépôt, les risques d'ensablement peuvent cependant s'accroître à l'occasion d'installation intempestive d'infrastructures humaines qui créent des obstacles sur les axes de cheminement du sable.

Adresse des auteurs: Prof. Dr. Monique Mainguet, D.C./PAC - UNEP - P.O. Box 47074, Nairobi (Kenya)
Marie-Christine Chemin, Laboratoire de Géographie Physique Zonale - Université - 52, rue P. Taittinger, F-51100 Reims (France)

Forschungen in Sahara und Sahel I, hrsg. von R. Vogg
Stuttgarter Geographische Studien, Bd. 106, 1987

ÄOLISCHE DYNAMIK AM RANDE DER SAHARA
von Helga Besler

Zusammenfassung: Mit Hilfe von Gelände-Studien, Sedimentanalysen und Windmessungen wird die äolische Dynamik am Nordrand der Sahara im Großen Östlichen Erg in Algerien, am Südrand in Nord-Mali und an der Höhengrenze im Hoggar untersucht. Für die Draas aus Doppelsternen im Großen Östlichen Erg wird ein Entstehungsmodell angeboten, das alle beobachteten Phänomene widerspruchsfrei erklären kann. Bagnolds Überlegungen zur Rauhigkeit von mikro-strukturierten Oberflächen lassen sich auf Makro-Strukturen wie Ergs ausdehnen. Im Hoggarbereich gibt es keine freien Dünen, sondern nur Sandakkumulationen an Hindernissen. Dies gilt auch für kleine Ergs innerhalb des Tassili-Kranzes. In Nord-Mali lassen sich mindestens fünf Dünengenerationen mit zwischengeschalteten Wasserumlagerungen unterscheiden. Dünen-Neubildung und Dünen-Reaktivierung sind hier nicht Ausdruck der Aridität, sondern abhängig von den Korngrößen der Sande, die ihrerseits von Paläowinden und vom Niger bestimmt werden.

Summary: Aeolian activities at the margin of the Sahara

Aeolian activities are investigated by means of landscape studies, sedimentological analysis and wind measurements at the northern margin of the Sahara in the Great Eastern Erg in Algeria, at the southern margin in North-Mali and at the upper margin in the Hoggar area. For the development of the star-shaped draas in the great Eastern Erg a model is offered that explains all observed phenomena without contradiction. Bagnold's findings on the roughness of micro-structured surfaces are also valid for macro-structures like ergs. Free dunes do not exist in the Hoggar area, there are only sand accumulations at obstacles. This is also true for small ergs within the Tassili circle. At least five generations of dunes with intermediate fluvial activities can be distinguished in North-Mali. Recent dune formation and reactivation do not correspond with aridity but depend on the grain size of sands which is determined by palaeo-winds and the Niger.

Résumé: Dynamique éolienne au bord du Sahara

Les phénomènes éoliens sont investigés par des études de terrain, par l'analyse sédimentologique et par des mesurages de vent au bord septentrional du Sahara dans le Grand Erg Oriental en Algérie, au bord méridional dans le nord du Mali et au bord vertical dans le Hoggar. Un modèle est présenté pour le développement des draas en ghourds dans le Grand Erg Oriental qui peut expliquer tous les phénomènes observés sans contradiction. Les résultats de Bagnold concernant la rugosité des surfaces micro-structurées sont aussi valables pour les macro-structures comme pour les ergs. Dans le Hoggar il n'y a pas de dunes libres mais seulement des accumulations de sable près des obstacles, ce qui peut se dire aussi des petits ergs au dedans de la guirlande des Tassilis. Au Nord du Mali on peut dinstinguer au moins cinq générations de dunes avec des phases aquatiques intermédiaires. La formation actuelle des dunes et leur rémobilisation ne sont pas liées à l'aridité mais dépendent de la granulométrie des sables qui est déterminée par les paléo-vents et par le Niger.

1. Einleitung

Die mir während der interdisziplinären Stuttgarter Geowissenschaftlichen Saharaexpedition 1984 zugefallene Aufgabe war die Untersuchung der äolischen Formung. In diesem Rahmen wurde verschiedenen Fragestellungen nachgegangen. Wie schon von vielen Geographen festgestellt, ist das Innere der Sahara sandarm (z. B. Capot-Rey 1970, Mainguet et al. 1980). Die Expeditionsroute durch die westliche Zentralsahara führte jedoch sowohl am Nord- als auch am Südrand durch größere Sandgebiete: im Norden durch den Großen Östlichen Erg in Algerien, im Süden durch die Sandtennen und Dünenfelder des Leeren Viertels von Azaouad in Mali.

Eine charakteristische Besonderheit des Großen Östlichen Erg stellen die in Reihen angeordneten Sterndünenkomplexe dar, deren Entstehung noch nicht geklärt ist. Auch diese Arbeit kann nur ein aerodynamisches Modell liefern, das mit den beobachteten Phänomenen in Einklang steht. Einige Resultate können zur Frage nach den Beziehungen des Großen Östlichen Erg zum Wadi Igharghar vorgelegt werden, das älteren Theorien zufolge die Sande geliefert haben soll

(z. B. Gautier 1950).

In Mali hieß die Frage: Wie vollzieht sich der Übergang von den aktiven Dünen der Sahara zu den fixierten Dünen des Sahel? Da diese Grenze heute in Bewegung ist, geht es dabei auch um die Prozesse der Reaktivierung.

Zwischen diesen Bereichen quert die Route viele große, sandarme Flächen wie zum Beispiel das Plateau von Tinrhert, das Oued Igharghar und die südöstliche Tanezrouft. Hier hieß die Fragestellung: Wie stark - im Vergleich - werden diese und andere Flächen vom Wind geformt? Dabei ging es um Korrasionsformen an Festgesteinen (Windschliffe) und Kieseln (Windkanter). Die Ergebnisse dieser Untersuchungen sind in einem separaten Aufsatz in der Festschrift für E. M. van Zinderen Bakker (Besler 1987a) behandelt.

Wenn die äolische Dynamik am Rande der Sahara das Thema ist, so gehört auch der Rand in der Vertikalen - also die Höhengrenze der Windwirkung - dazu. Beobachtungen hierzu wurden während der Querung des Hoggar-Massives und auf einer Rundfahrt im Atakor gesammelt.

Neben der Verarbeitung der umfangreichen Feldbucheintragungen und zahlreichen Meßergebnisse, die auch eine statistische Auswertung erlauben, liegt der Schwerpunkt der Arbeit bei der sedimentologischen Analyse. Dieser Schwerpunkt wurde gewählt, weil es mittlerweile über Dünen eine Fülle von Literatur gibt, die sich vorwiegend auf Luftbildinterpretation stützt (z. B. McKee, Breed, Fryberger 1977, Mainguet et al. 1980). Groß ist die Versuchung, daraus Ergebnisse abzuleiten, die durchaus einer sedimentologischen Überprüfung bedürfen.

2. Äolische Dynamik am Nordrand des Großen Östlichen Erg

Es gibt keine Gesamtdarstellung des Großen Östlichen Erg. Aber alle Autoren, die ihn in einzelnen Abschnitten oder zusammen mit anderen Ergs betrachten, bescheinigen ihm Komplexität, sowohl was die Dünenformen betrifft als auch Transport und Beschaffenheit der Dünensande. Während der relativ einheitliche westliche Teil von breiten Gassen durchzogen wird, ist der östliche Teil in sich wieder sehr komplex und schwer durchdringbar. Im SW öffnet sich die besonders breite Dünengasse des Gassi Touil in Verlängerung des Oued Igharghar aus dem Hoggar-Bereich. Dies verstärkt den Eindruck, daß der Große Östliche Erg - wenigstens zum Teil - aus den Sanden eines riesigen Schwemmfächers aufgeweht worden ist.

2.1 Die Dünentopograhie

Die Expeditionsroute querte den Großen Östlichen Erg in seinem Westteil von Norden nach Süden durch das Gassi Touil. 'Gassi' stammt aus dem Arabischen und bedeutet soviel wie 'hart'. Dieser Begriff wird für Dünenkorridore mit festem Untergrund verwendet im Gegensatz zu versandeten, die 'Feidj' heißen (Capot-Rey et al. 1963). Der feste Boden wird vorwiegend durch Reg gebildet, der sowohl kleine kantige Bruchstücke als auch runde Kiesel enthält. Nach Capot-Rey et al. (1963) wird Reg für feste Böden sowohl aus Kies und Sand als auch aus kleinsteinigem, kantigem Schutt verwendet (siehe auch Besler 1984).

Entlang der N-S-Traverse wurden an drei Stellen Dünenkomplexe untersucht und beprobt (Fig. 1). Der erste liegt etwa 40 km südlich Belhirane und heißt Ghourd Damrane. Der Begriff Ghourd stammt aus dem Arabischen; er wird für sehr große Dünen verwendet, deren sinusförmige Arme in einem steilen Gipfel kulminieren (Capot-Rey et al. 1963). Dem entspricht der deutsche Name Sterndüne (engl. star dune). Aber auch hier besteht keine Einheitlichkeit in der Literatur. Für Brousset (1939) zum Beispiel ist Ghourd der Inbegriff der beweglichen Düne - "dune vive" - mit deutlichen Luv- und steilen Leehängen. Die meisten Ghourd des Großen Östlichen Erg sind eher längliche Sandmassen mit zwei oder sogar mehr Gipfeln. Ghourd Damrane zum Beispiel besteht aus einem 90 m hohen, etwa E-W verlaufenden firstartigen Teil mit beidseits etwa gleich geneigten Flanken (S-Flanke 28,5°, N-Flanke 26°, nach unten steiler). Von beiden Enden dieses Firstes ziehen seesternartig gewundene Arme in verschiedene Richtungen. Solche komplexen Formen bezeichnet Brosset (1939) als "Ansguiat" = Dünenmassive. Bei Capot-Rey et al. (1963) findet sich 'Azguyat', ein Berberwort, das eine hohe isolierte Düne über Aklé bezeichnet, die sich nicht besteigen läßt. Beide Namen treffen nicht auf Ghourd Damrane zu. Capot-Rey beschreibt 1947 aus dem Zentrum des SE-Erg gedrungene Arme mit Ghourd an jedem Ende, die er "Zemoul trapues" nennt. Diese scheinen ähnliche Formen zu sein. In seinem Glossar (1963) stellen 'Z(e)moûl' aber längliche Dünen ohne Gipfel dar, die von Sekundärdünen senkrecht zur Hauptachse bedeckt werden (seine Fig. 18). Bei Brosset (1939) steht derselbe Ausdruck hingegen für sandbedeckte dünenartige Felshügel. Ein adäquater, morphographischer, deutscher Name wäre Firstdüne oder Doppelsterndüne.

Von Ghourd Damrane wurden drei Sandproben genommen: Nr. 3 vom höchsten Gipfel des Ost-Sterns (90 m), Nr. 4 von der westlichen Flanke des Süd-Armes des West-Sterns (30 m) an der Grenze vom oberen Leehang (∼30°) zum unteren Festhang mit etwas Horstgras-Vegetation (∼15°) und Nr. 5 von der Basis

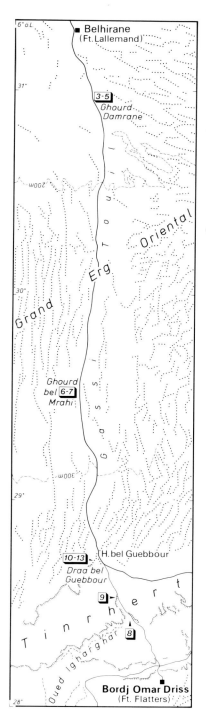

Fig. 1: Untersuchte Dünenkomplexe im Großen Östlichen Erg

unterhalb des West-Sterns. Der Untergrund besteht hier aus Kalksandstein mit Quarzkieselstreu. Auch die Sternarme der Doppelsterne weisen wie der Firstteil großenteils keine echten Luv- und Leehänge auf. Die Flanken des nördlichen Armes des West-Sterns zum Beispiel waren 20° nach SW und 15° nach NE geneigt. Ghourd Damrane stellt den nordwestlichen Teil einer langen nach SE ziehenden Dünenkette dar, die aus ähnlichen Elementen in unregelmäßiger Anordnung besteht, die durch kleinere Sif verbunden werden.

Südlich Ghourd Damrane wird das Gassi Touil im Westen von Dünenketten begrenzt, denen nur kleine Sterne aufgesetzt sind. Südlich Hassi Caze werden die Dünen höher und geschlossener, und die aufgesetzten Sterne werden häufiger und niedriger. Auch hier sind in den östlichen Ketten die firstartigen Elemente (E-W) mit Doppelsternen zu erkennen. Der zweite untersuchte Dünenkomplex liegt etwa 120 km südlich Hassi Caze (etwa 100 km N Hassi bel Guebbour) auf der W-Seite des Gassi Touil. Es handelt sich um einen 8 km langen Dünenrücken von N nach S, dessen Südende Ghourd bel Mrahi heißt. Untersucht wurde der mit 110 m höchste Teil etwa 3 km südlich des Nordendes. Auch dieser Teil ist - wie Ghourd Damrane - als W-E ziehender First ausgebildet, allerdings mit deutlichen Luv/Lee-Unterschieden (Luv nach N mit 19°, Lee nach S mit 31°, unten flacher).

Nach N schließt sich ein etwas durchhängender W-E-First, nach S ein kleiner, nach E geneigter W-E-First an. Die stark gewundenen Sternarme sind jeweils auf der W-Seite länger. Die E-Seite des Komplexes wirkt kompakter. Zwischen Firsten und Sternarmen treten Kesselbildungen auf.

Hier wurden zwei Proben entnommen: Nr. 6 vom höchsten First und Nr. 7 von der östlichen Basis über einer Terrassenkante mit Artefakten. Die Kanten der niedrigen Terrassenreste, die zwischen den Sternarmen sichtbar werden, weisen in östliche bis nördliche Richtungen. Die Oberfläche besteht aus kleinsteiniger Serir. Auch hier reichte spärliche Vegetation - wie bei Ghourd Damrane - bis 60 m unter den Gipfel.

Der dritte Dünenkomplex liegt am Süd-Rand des Großen Östlichen Erg westlich Hassi bel Guebbour. Es handelt sich um das südwestliche Ende der Draa bel Guebbour, einer längeren nach NNE ziehenden Dünenkette. In diesem Bereich liegen viele Ghourdketten auf Terrassen von zum Teil beträchtlicher Höhe, so daß größere Dünen vorgetäuscht werden. Das höhere Gelände ist stark zerlappt und versandet und stößt fingerförmig nach SSW vor. Auch dieser südwestlichste Dünenteil hat eine WE ziehende Firstform mit 3 bis 4 Sternarmen an den Giebeln. Der westliche Gipfel ist 110 m hoch, der südwestlichste Sternarm zieht im wesentlichen nach W, und seine Flanken sind 31° (nach unten flacher) nach S und 20° (unten steiler) nach N geneigt.

Hier wurden drei Proben genommen: Probe Nr. 11 vom Kamm des Westarms in 50 m Höhe, Nr. 12 von der Basis unterhalb des Westarms, einer Art Sandrampe, und Nr. 13 vom westlichen Gipfel des Firstes (110 m). Außerdem wurden an den drei Probenstellen am 18.2.84 Simultanmessungen von Windgeschwindigkeit und -richtung über mehrere Stunden durchgeführt. Zur Klärung der Beziehungen zwischen Erg und Wadi Igharghar wurden zusätzlich folgende Sandproben entnommen: Barchankammsand aus der Nordbucht des Wadis bei Tilmans (Nr. 8), Rampensand vom westlichen versandeten Steilufer dieser Bucht (Nr. 9) und Dünensand von einem nach SSE ziehenden kleinen Stufensporn in der südwestlichen Verlängerung der Draa bel Guebbour (Nr. 10).

2.2 Die Sediment-Analyse

Die Analyse der Sandproben kann Hinweise liefern zur Sandherkunft, zum Transportmilieu und zur Transportrichtung sowie zur Stärke der aktuellen äolischen Dynamik und ob diese in Einklang mit den beobachteten Dünenformen steht. So werden zum Beispiel Sandbewegungen in Ergs in Richtung der feineren und besser sortierten Sande angenommen (Cooke & Warren 1973). Nach Wilson (1973) bestehen die Draa (Riesen-Dünen im km-Bereich) aus Mischsanden und nur kleinere Dünen aus Feinsanden. Dies würde bedeuten, daß die Großformen Relikte sind und nur die Kleinformen heute aktiv äolisch geformt werden. In diese Richtung geht auch die Feststellung von Capot-Rey & Grémion (1964), daß der Große Östliche Erg im Vergleich mit anderen die schlechtest sortierten Sande besäße.

Bellair (1953) schließlich findet den Sand reich an Schwermineralen, was ein Indiz für schwache Verwitterung und daher geringeres Alter ist. Für die meisten Fragen ist schon von einer systematischen Korngrößenanalyse der Sande Aufschluß zu erwarten; aber auch die Betrachtung von Kornform und Oberflächentracht (Morphoskopie) kann Hinweise liefern. Es muß betont werden, daß von der Sediment-Analyse keine eindeutigen Beweise für die Ergentstehung und -dynamik geliefert werden können, sondern nur eine Indizienhäufung zugunsten bestimmter Sachverhalte zu erwarten ist.

2.2.1 Granulometrie

2.2.1.1 Die Korngrößenparameter

Für die granulometrische Analyse wurden die Sandproben mit einem φ-Siebsatz fraktioniert. Aus der erhaltenen Korngrößenverteilung wurden die Korngrößenparameter nach den Formeln von Folk & Ward (1957) berechnet (siehe Tab. 1). Es ergaben sich zunächst die bei größeren Dünen üblichen Parametervariationen: Die mittlere Korngröße nimmt von der Basis zum Gipfel ab, die Sortierung nimmt in der gleichen Richtung zu. Beides ist nur ein Ausdruck der größeren Beweglichkeit der Kammsande. Die Sande sind allerdings nicht positiv schief wie die meisten aktuellen Dünensande (Voßmerbäumer 1974), sondern überwiegend symmetrisch, enthalten also weniger Feinkörper. Dies bedeutet geringere Beweglichkeit der großen Dünenkomplexe - auch ihrer Gipfel und Sternarme - gegenüber kleineren Dünen, da die Sande an leicht transportierbarem Feinmaterial schon etwas verarmt sind. Sterndünen sind nach Mainguet & Chemin (1983) Anzeichen für positive Sandbilanz eines Erg, d. h. für Akkumulation. Der Granulometrie zufolge sind diese Zeiten jedoch vorbei, und die Dünenkomplexe werden eher abgebaut. Dies stützt die Annahme von Dubief (1952), daß der Große Östliche Erg im Südteil sehr alt sei. Die Basis der Ghourd Damrane (Nr. 5) war sogar negativ schief, also deutlich ausgeblasen, im Gegensatz zum positiv schiefen Basissand der Ghourd bel Mrahi. Dies mag an der Exposition liegen. Während der Basissand der Ghourd Damrane von der Westseite stammt, wurde Ghourd bel Mrahi an der Ostseite beprobt, wo bei westlichen Winter-Winden die ausgeblasenen Feinsande im Lee angereichert werden (Probennahme im Februar).

Gipfel und Sternarmkämme der großen Firstdünen bestehen aus mesokurtischen Sanden und sind damit im Gleichgewicht mit den aktuellen Winden (siehe Voßmerbäumer 1974). Die Basissande sind entweder leptokurtisch wie bei Ghourd bel Mrahi oder platykurtisch, in beiden Fällen aktuell nicht bewegt. Die besonders starke Platykurtosis an der Basis der Ghourd Damrane könnte durch Mischsande aus unterschiedlichen Quellen hervorgerufen werden (Besler 1980). Die Feststellung von Capot-Rey & Grémion (1964), daß der Große Östliche Erg die schlechtest sortierten Sande aufweise, kann nicht bestätigt werden. Sogar die Basissande sind eher mäßig sortiert. Die Kammsande sind wie üblich gut bis sehr gut sortiert. In der Dünen-Namib zum Beispiel weisen auch die Kammsande nur mäßige Sortierung auf.

Die Sande aus dem Oued Igharghar unterscheiden sich in charakteristischer Weise von den Ghourd-Sanden. So besitzt der Barchansand (Nr. 8) alle Parameter eines aktuellen Dünensandes. Die Barchane sind rezente äolische Bildungen aus den Alluvionen des Wadis oder aus Sanden des Großen Östlichen Erg. Der Rampensand (Nr. 9) ist sogar positiv schief und mesokurtisch, d. h. eine aktuelle Bildung und kein Residuum. Die stark positive Schiefe ist nur bei Leesanden möglich (bei Luvsanden Ausblasung) und spricht - da die Rampe nach Osten exponiert ist - für die formende Kraft westlicher Winde. Nr. 10 von einem versandeten Stufenfinger südlich des Ergs steht dagegen den Ghourdsanden näher.

2.2.1.2 Der Raumbezug der Parameter

Interessanter als die Korngrößenparameter an sich ist ein raumbezogener Vergleich. Während in der vertikalen Abfolge allgemein gültige Variationen vorherrschen, können die horizontalen Unterschiede ergspezifische Verhältnisse widerspiegeln, zum Beispiel Transportrichtungen.

Die mittleren Korngrößen aller Proben im Vergleich zeigen eine so breite Streuung, daß keine gesetzmäßige Veränderung zu erkennen ist. Werden nur die Korngrößen der Kammsande unter Einbeziehung der Ighargharsande berücksichtigt, so zeigt sich eine nach Süden zunehmende Tendenz zu feinkörnigeren Sanden. Dies würde für einen generellen Sandtransport in dieser Richtung sprechen. Diese Tendenz ist jedoch statistisch nicht signifikant. Die Basissande werden nach Süden eher gröber; ihre Akkumulation ist also von anderen Kräften (von Süden) gesteuert worden als die der Kammsande. Unter Umständen gibt es verschiedene Sandquellen. Weitere Indizien sind von der morphoskopischen Analyse zu erwarten.

Deutlichere Korrelationen ergeben sich bei der Sortierung, die sowohl bei Kamm- als auch bei Flanken- und Basissanden nach Süden zunimmt. Berücksichtigt man nur die Kammsande (d. h. allein äolische Einflüsse), so ergibt sich nach Spearman eine perfekte negative Korrelation ($r_s = -1$) zwischen Transport nach Süden und Sortierung (je kleiner der φ-Wert, desto besser sortiert), die selbst bei der geringen Probenzahl auf dem 0,05-Niveau signifikant ist. Alles läßt auf Sandtransport durch die Passate schließen. Die nach Süden zunehmende Sortierung könnte aber auch durch in dieser Richtung zunehmend stärkere oder häufigere Sandwinde verursacht werden. Auf diese Möglichkeit deutet die nach Süden zunehmende Sortierung der Basissande hin, da diese im Süden gröber sind als im Norden. Zur Klärung dieser Frage ist ein Vergleich mit Winddaten unerläßlich.

Tab. 1: Korngrößenparameter der Sedimentproben

Probe	Mz (φ):	Mz (mm):	So (φ):	Sk (φ):	K (φ):
3	2,28666	0,204966	0,37386364	-0,002601626	0,98842816
4	2,22333	0,214133	0,73113636	-0,0049319728	1,0036802
5	2,12	0,23	1,0413636	-0,10751873	0,78776873
6	2,53666	0,1723	0,25628788	-0,015686275	0,99531616
7	1,6333	0,322366	0,66136364	+0,11503812	1,1372951
8	2,85666	0,1380	0,28242424	+0,039133739	1,013805
9	2,22666	0,21366	0,5175	+0,16125743	0,90163934
10	2,61666	0,163066	0,30007576	+0,029689609	1,1216566
11	2,0	0,2500	0,37484849	+0,008196721	1,0204082
12	1,68	0,3121	0,77575758	+0,032258065	0,88382039
13	2,34333	0,197033	0,24325758	-0,0074339913	1,0630123
14	1,72666	0,302166	0,85	+0,27752525	0,87964814
15	3,44666	0,0917	0,64136364	-0,011476265	0,65643234
16	2,36	0,1948	0,31060606	-0,028301887	1,0860656
17	0,07666	0,948266	1,5127273	+0,4367912	1,0347346
18	1,72666	0,302166	1,0660606	+0,2984923	0,99192207
19	0,74666	0,5959596	2,7001515	-0,20236422	0,561712
20	1,79333	0,288533	1,15666	-0,037682407	0,92336559
21	2,50666	0,1760	1,1601515	+0,003875969	0,82452226
22	2,1333	0,2280	0,93136362	+0,32260101	0,90794452
23	1,49333	0,3552	0,9280303	+0,2631931	0,93542736
24	1,8333	0,280633	1,1412121	+0,21106147	0,97789998
25	1,83	0,2813	0,91492424	+0,16731898	1,1080753
26	1,77	0,2932	1,0602273	+0,24233232	0,94262295
27	2,55333	0,1704	0,5594697	-0,020748299	1,147541
29	2,14	0,2269	0,4080303	+0,2216964	0,96347426
30	0,72666	0,6043	0,97007576	+0,37846875	0,8595173

31	1,83666	0,279966	1,0685606	+0,24053227	0,88313062
32	1,84666	0,2780	0,98378788	+0,091615491	0,91849785
33	1,2333	0,42533	0,91810606	+0,27532715	0,99672131
34	1,8	0,2872	1,0243939	+0,27322705	0,91928506
35	2,17	0,2222	0,68090909	+0,2280719	1,0023165
36	2,04666	0,242066	0,75075758	+0,29182796	1,0371362
37	2,12	0,2300	0,7758333	+0,35346542	0,99700504
38	1,92666	0,263033	0,86924242	+0,27973515	1,0245902
39	1,99	0,2517	0,89431818	+0,33693694	1,0156807
40	1,72333	0,302833	0,98719697	+0,25061555	0,90749415
41	1,88333	0,271066	0,87825758	+0,31029669	1,0014255
42	1,9333	0,2620	0,91651515	+0,28678646	1,1102832
43	1,87333	0,272966	0,89227273	+0,28323038	1,013805
44	2,04666	0,242066	0,84159091	-0,0054163991	0,93776049
51	2,14666	0,225833	0,658333	+0,21818182	1,0245902
52	2,56333	0,1692	0,49507576	+0,058204334	1,0886271
52b	2,40333	0,189066	0,3387212	-0,00581164981	1,0291439
53	2,38333	0,191666	0,50295455	+0,10188182	0,89720868
54	2,23666	0,2122	0,65037879	+0,076053812	1,0627145
55	2,16333	0,223266	0,42712121	+0,20016711	0,95628415
56	2,18333	0,2235	0,58295455	+0,1877369	0,99897541
57	2,26	0,2088	0,60151515	+0,12286432	0,99460216
58	2,14666	0,225833	0,58893939	+0,21841692	0,98158268
59	1,7666	0,293866	0,96962121	+0,17964952	0,9057971
61	2,16333	0,223266	0,64969697	+0,38417349	0,97163382
62	1,99	0,2517	0,62265152	+0,32680582	1,1216566
63	2,02666	0,2455	0,70666	+0,07486631	1,078047
64	2,05333	0,240933	0,79909091	-0,018233618	1,0538642
65	2,11666	0,230533	0,64280303	+0,16433028	1,051109
67	2,02666	0,245466	0,76431818	+0,19397759	1,0027057

2.2.1.3 Die Häufigkeitsverteilungen

Als besonders aufschlußreich in bezug auf Mobilität, Ablagerungsverhältnisse und Verwandtschaft von Sanden haben sich die Häufigkeitsverteilungen der Korngrößen erwiesen, speziell die Diagramme nach Walger (1965), bei denen auf der Ordinate Gewichtsprozent durch die Korngrößenintervalle der Fraktionen geteilt dargestellt werden (Besler 1984). Diese Häufigkeitsverteilungen (Fig. 2) bilden ganz unterschiedliche Kurven, die sich zu Gruppen genetisch verwandter Sande zusammenfassen lassen. Je steiler, höher und schmäler das Kurvenmaximum in der weltweit äolisch aktivsten Dünensandfraktion 0,125 - 0,25 mm ist, desto stärker äolisch geformt ist der betreffende Sand. So gesehen, bilden die Sande der drei nahezu identischen höchsten Glockenkurven die Spitzengruppe. Hierzu gehören die Gipfelsande der Ghourd bel Mrahi (Nr. 6) und des südlichsten Dünenkomplexes (Nr. 13) sowie der Flugsand auf einem südlichen Stufensporn (Nr. 10). Diese Sande sind vergleichbar mit Kammsanden im Raum El Golea und in den kleineren Ergs der Tanezrouft sowie (Besler 1984) mit Kammsanden der Rub'al Khali-Dünen (Besler 1982). Sie sind jedoch deutlich mobiler als die Kammsande der Namib-Dünen, deren Kurvenmaxima nur bei 400 - 550 %/mm liegen. Darauf wurde schon durch die bessere Sortierung hingewiesen. Eher mit der Namib vergleichbar sind der Kammsand der Ghourd Damrane weiter

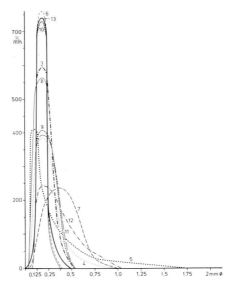

Fig. 2: Korngrößen-Häufigkeitsverteilungen der Sandproben aus dem Großen Östlichen Erg (nach Walger)

nördlich (Nr. 3) und der Barchansand (Nr. 8) aus dem Oued Igharghar. Barchansande sind häufiger weniger beweglich als Kammsande anderer Dünen, da der Barchan nach anderen Mechanismen als Ganzes bewegt wird (Besler 1983).

Eine weitere Gruppe mit ebenfalls nahezu identischen Kurven wird gebildet aus dem Flankensand der Ghourd Damrane (Nr. 4), dem Rampensand (Nr. 9) und dem Kammsand des sif-artigen Sternarmes im südlichen Dünenkomplex (Nr. 11). Es handelt sich also im wesentlichen um die in halber Höhe der Firstdünen entnommenen Sande, die weniger mobil sind als die Gipfelsande. Die Basissande zeigen - entsprechend den differierenden Korngrößenparametern - sehr unterschiedliche Häufigkeitsverteilungen. Der Basissand der Ghourd Damrane zum Beispiel enthält überwiegend Feinmaterial der Fraktion 0,063 - 0,125 mm mit einer Grobkornschleppe. Diese Kurve steht den Häufigkeitsverteilungen von Regbodenmaterial sehr nahe, zum Beispiel dem Feinserir der Tanezrouft (Besler 1984), aber auch verschiedenen Mischsanden aus der Rub'al Khali, mit denen der Basissand die starke Platykurtosis gemeinsam hat (Besler 1982). Es könnte sich um eine Mischung aus Dünensand und Bodenmaterial handeln, da die Probe unterhalb eines Leehanges genommen wurde.

Besonders breite Häufigkeitsmaxima weisen die Basissande der Ghourd bel Mrahi (Nr. 7) und des südlichen Dünenkomplexes (Nr. 12) auf, allerdings mit unterschiedlichem Schwerpunkt. Nur im Süden liegt das Maximum in der äolischen Hauptfraktion, weiter nördlich liegt es bei 0,25 - 0,5 mm, also verschoben zu gröberen Sanden. Dies ist eine besonders stabile Basis, worauf auch die Artefaktstreu hinweist.

2.2.1.4 Das Reaktionsdiagramm

Das Reaktionsdiagramm (response diagram) stellt die Weiterentwicklung eines Diagramms von Friedman (1961) zur Unterscheidung von Dünen- und Flußsanden dar und kann Auskunft geben über Ablagerungsmilieu und aktuelle Mobilität der Sande (Besler 1983). Im Diagramm (Fig. 3) gibt es vier Sektoren, in denen die Sande je nach mittlerer Korngröße und Sortierung liegen können. Die Anwendung auf die Proben zeigt, daß es keine fluvialen Sande und keine Residuen unter ihnen gibt. Sie zerfallen aber in äolisch stabile und äolisch mobile Sande.

Im mobilen Sektor liegen die Gipfelsande der Ghourds und der Barchansand aus dem Oued Igharghar, alles Normalfälle. Aber von den in halber Höhe an den Firstdünen genommenen Proben liegt nur die vom südlichsten Komplex (Nr. 11) im mobilen Sektor. Auch dies trifft die räumliche Situation genau: Nr. 11 wurde

2.2.2 Morphoskopie

2.2.2.1 Kornform und Oberflächentracht

Die morphoskopische Analyse hat sich seit ihren Anfängen bei Cailleux (z. B. 1952) und Tricart (z. B. 1958) und ihrer Einführung in die deutsche Literatur (Pachur 1966) durch die Anwendung des Elektronenmikroskopes stark erweitert. Das Elektronenmikroskop erlaubt eine viel detailliertere Analyse am Einzelkorn, da auch Spuren kurzzeitiger Bearbeitung - und damit ganze Entstehungsgeschichten - sichtbar werden. Le Ribault (1975) unterscheidet diesen Bereich als Exoscopie von der klassischen Mikroskopie (mit normalen Mikroskopen), die viele Körner untersuchen und nach überwiegenden Bearbeitungsspuren statistisch unterscheiden kann. Diese klassische Morphoskopie wird nach wie vor für Untersuchungen zum Transport- und Ablagerungsmilieu von Sanden gebraucht.

Für die Analyse wurden die Hauptfraktionen der Sande verwendet: in den meisten Fällen 0,125 - 0,25 mm. Da die Bearbeitung größerer Körner schneller geht als bei kleinen, müssen zu Vergleichszwecken aber stets die gleichen Fraktionen untersucht werden. Deshalb stellt die analysierte Fraktion in wenigen Fällen nicht die Hauptmasse des Sandes dar. Die Sandkörner wurden zur Entfernung von Patinierungen und Überzügen in konzentrierter Salzsäure gründlich gewaschen, mit Wasser gespült und getrocknet. Unter dem Stereomikroskop wurden bei Schräglicht (45°) auf dunklem Grund je Probe mindestens 100 Quarzkörner ausgezählt und je nach Kornform, kombiniert mit Oberflächentracht, in vier Kornklassen eingeteilt: matt-rund, matt-kantig, glänzend-rund und glänzendkantig. Die Grenze zwischen rund und kantig wurde bei "subangular-subrounded" nach Russell-Taylor-Pettijohn angesetzt.

Ein deutlicher Unterschied zwischen dem Erg-Inneren und seinem Südrand macht sich bemerkbar. Sowohl bei Ghourd Damrane als auch bei Ghourd bel Mrahi überwiegen die glänzend-kantigen Körner. Bei Ghourd bel Guebbour bestehen alle Proben jedoch überwiegend aus glänzend-runden Körnern. Mattierte Körner sind bis auf die Basissande des inneren Ergs in der Minderzahl und hier chemisch mattiert, das heißt, auch Mattierung durch äolischen Transport hat nur wenig stattgefunden. Vielmehr scheinen die Sande des Großen Östlichen Erg ihre fluviale Vergangenheit zu konservieren. Die Igharghar-Sande unterscheiden sich durch ihre stärkere äolische Mattierung (>50 %) deutlich von den Ergsanden. Barchan- und Rampensande werden also stärker vom Wind bewegt. Einen Übergang stellt der Flugsand am Stufenrand (Nr. 10) dar, der zu gleichen Teilen matte und glänzende Körner aufweist.

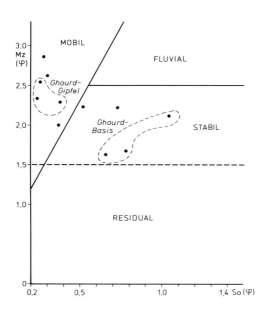

Fig. 3: Reaktionsdiagramm der Sande aus dem Großen Östlichen Erg

vom Kamm eines sif-artigen Sternarmes genommen, ist also ein Kammsand. Der entsprechende Sand von Ghourd Damrane dagegen (Nr. 4) stammt von der Flanke des Armes aus einer Höhe, bis zu der Vegetation vorhanden war. Folgerichtig hat er seinen Platz im stabilen Sektor. Im mobilen Sektor liegt aber auch der Flugsand vom Stufensporn (Nr. 10), der also eine rezent bewegte Bildung ist. Die große Ähnlichkeit seiner Häufigkeitsverteilung mit dem der Ghourd-Gipfelsande macht seine Herkunft aus dem Erg wahrscheinlich (NE-Winde?). Da die Südgrenze des Großen Östlichen Erg hier nach SW zieht, wäre aber auch eine Akkumulation durch Winde aus dieser Richtung möglich.

Im stabilen Sektor liegen die Basissande der Ghourd-Komplexe, der Normalfall für Draa, deren Basen in der Regel festliegen. Nahe an der Grenze zur Mobilität liegt der Rampensand aus dem Oued Igharghar (Nr. 9). Dies wird der Tatsache gerecht, daß in dieser Rampe eine schwache kammartige Struktur zu erkennen war. Liest man die Punkteverteilung im Diagramm von rechts nach links, so nimmt die Mobilität von den Basissanden der Firstdünen (stabil) über die Sande aus halber Höhe (teils stabil) zu den Gipfelsanden der Ghourds (mobil) zu. Wichtig ist die Tatsache, daß Basissande unabhängig von ihrem Feinmaterial stabil sind; viel Feinmaterial kann durch Grobkornschleppen stabilisiert werden (Nr. 5).

Was die Rundung der Quarzkörner betrifft, so herrscht in der Literatur keine Einigkeit über die maßgeblichen Prozesse. Neuere Versuche von Lindé et al. (1980) ergaben nach 100 Stunden Windtransport Mattierung und nahezu "subrounded" Körner. Dabei scheint die Zurundung durch Verfüllung der Kornvertiefungen mit Bruch gefördert worden zu sein. Diese Füllungen lassen sich als mattweiße Flecken auf den Oberflächen erkennen; sie waren im Falle des Großen Östlichen Erg nicht vorhanden. Bei Experimenten mit Wassertransport war die Kornform nach 1000 Stunden den Autoren zufolge unverändert. Die entsprechende Abbildung zeigt jedoch deutlich erkennbare Zurundung! Außerdem wurde ein Apparat verwendet, der eher gleitende Bewegungen und geringe Beanspruchung der Körner verursacht. Tatsache ist, daß Flußsande in der Regel besser gerundet sind als Dünensande. Sicher ist auch, daß die Kornrundung bedeutend langsamer vor sich geht als die Polierung von mattierten Sanden (Krinsley & Smalley 1972). Da am Südrand des Erg die gerundeten Körner überwiegen, könnte man zunächst an einen Transport nach Süden (Wasser oder Wind) denken. Die Rundung nimmt jedoch in dieser Richtung nicht kontinuierlich zu, sondern sprunghaft auf das Doppelte zwischen Ghourd bel Mrahi und Ghourd bel Guebbour. Dies ist ein Indiz für unterschiedliche Sandquellen, wobei man im Süden natürlich an das Oued Igharghar denken kann. Aktuell werden jedoch aus dem Wadi mit Sicherheit keine Sande geliefert - auch nicht durch Wind -, da die Barchansande hier durchweg "subangular" sind. Ein deutlicher Hiatus liegt schon zwischen diesen und den gut gerundeten Rampen- und Stufensanden, die aus dem Erg stammen müssen.

2.2.2.2 Patinierung

Die aus Eisenoxiden bestehende Patina von Quarzkörnern kann Hinweise auf Alter, Herkunft und Mobilität von Sanden geben. Stark patinierte Sande von roter Farbe sind in der Regel alt und lange nicht umgelagert worden. Helle Sande sind entweder jung oder so stark bewegt, daß die vorhandenen Überzüge durch Wasser gelöst oder durch den Kornimpakt bei Windwirkung mechanisch abgerieben worden sind. Um eventuelle Unterschiede auswerten zu können, wurde zusätzlich zur Kornform und Oberflächentracht auch die Patinierung der Körner unter dem Mikroskop untersucht. Als Oberflächenbeschaffenheit im weiteren Sinne zählt dies auch zur Morphoskopie. Von den ungewaschenen Proben wurden jeweils mindestens 100 Körner ausgezählt und in drei Klassen eingeteilt: ohne Patina, mit dünner Patina und mit dicker Patina. Der Versuch, analog zu den Namib-Untersuchungen geschlossene Patina und Patina-Spuren zu unterscheiden, scheiterte am grundsätzlichen Unterschied zwischen Namib- und Saharasanden.

Auch dies erlaubt Aussagen zur Geschichte der Sande. In der Namib sind viele Sande aus rotem Sandstein reaktiviert worden, und in den Kornnischen haben sich die Reste der dicken Patina erhalten. Andere sind von Wasser transportiert worden und enthalten viele patinafreie Körner. In der Sahara dagegen ist die Patina stärker vertreten und fast immer ein geschlossener Überzug, und sei er noch so dünn. Die Übergänge von dünner zu dicker Patina sind naturgemäß fließend, und daher ist eine Abgrenzung schwierig. Unterschieden wurde zwischen blaß-gelblicher Tönung mit dunkleren Flecken und kräftig-gelben bis orangefarbenen Überzügen. Eine fluviale Reaktivierung von konsolidierten (roten) Sanden oder Sandsteinen kann daher ausgeschlossen werden. Die dünne Patina scheint in fast allen Fällen an den Sanden in situ gebildet worden zu sein, da sie die Körner lückenlos überzieht.

Die Gesamtpatinierung der Sande im Großen Östlichen Erg und am Südrand ist überall stark und sehr ähnlich. Sie haben also eine einheitlichere Vergangenheit als die Sande des Namib-Erg. Diese Aussage läßt sich auch auf den nordwestlichen Ergrand in Tunesien ausdehnen (Besler 1987b). Nur <10 % der Körner haben keine Überzüge, was auch für die Barchansande im Oued Igharghar gilt, die nicht aus dem Erg stammen. Dies unterstreicht die lange Vergangenheit ohne Wasserumlagerung im Gegensatz zur Namib.

Wird nur die dicke Patina berücksichtigt, so lassen sich die Proben in zwei Gruppen und eine Ausnahme einteilen. Die Gruppe mit geringem Patina-Anteil (10 - 30 % der Körner) enthält die südlichen Sande außerhalb des Erg, den Sif-Sand der Ghourd bel Guebbour und den Gipfelsand der Ghourd Damrane. Dies sind nach dem Reaktionsdiagramm alles mobile Sande (oder an der Grenze dazu). Die Gruppe mit höherem Patina-Anteil (30 - 50 % der Körner) enthält Gipfel-, Flanken- und Basissande unterschiedlicher Ghourds und scheint für die Draa des Großen Östlichen Erg charakteristisch zu sein. Die Ausnahme mit 74 % dicker Patina wird durch den Basissand der Ghourd bel Mrahi geliefert, der sich schon der Granulometrie zufolge als besonders unbeweglich darstellt. Während also die Gesamtpatinierung keine Differenzierung erlaubt, zeigt die dicke Patina eine gewisse Parallelität zur Unbeweglichkeit der Sande.

Alle Sande bestehen in der Fraktion 0,125 - 0,25 mm fast ausschließlich aus Quarzkörnern mit einer Ausnahme: Der Barchansand aus dem Oued Igharghar hat einen hohen Nichtquarzanteil, der auch Felspäte und Tonaggregatkörner (clay pellets) enthält. Letztere liegen in dieser Form schon länger vor, da sie teilweise patiniert sind.

2.3 Analyse der Windmessungen

An der Ghourd bel Guebbour am Süd-Rand des Großen Östlichen Erg wurden am 18.2.1984 an der Basis, auf dem Gipfel (110 m) und auf dem Kamm des westlichen sif-artigen Sternarmes in halber Höhe (50 m) über mehrere Stunden die Windverhältnisse simultan gemessen. Um Aussagen über Windscherung und Rauhigkeit des Untergrundes machen zu können, wurde an allen drei Meßpunkten jeweils in 0,3 m und in 1,3 m Höhe über der Sandoberfläche gemessen. Während der Meßzeit waren die Windrichtungen nicht einheitlich. An der (SW-)Basis herrschten Winde von NE bis ENE, auf halber Höhe Winde aus SE bis ESE (dazwischen auch umlaufende Böen) und am Gipfel Winde aus SE bis NE (mit noch häufiger umlaufenden Böen). Die Richtungen der mittleren Station waren eher mit der Gipfelstation vergleichbar als mit der Bodenstation und zeigten in ~50 % der Meßzeit Eigendynamik. Die Windrichtung war am Gipfel am einheitlichsten. Eine graphische Analyse zeigt, daß die meisten Basiswinde normal waren (also schwächer als am Gipfel) und eine Abweichung zu Nordwinden, also nach links aufwiesen. Dies würde einer normalen Reibungsablenkung der NE- bis SE-Winde am Ergrand entsprechen.

2.3.1 Die Oberflächenrauhigkeit im Erg

Ganz anders sieht eine Überprüfung der Beziehungen zwischen den Windstärken in 0,3 m und in 1,3 m Höhe aus. Mit Ausnahme der Gipfelwerte liegen alle Punkte auf einer Geraden mit der Gleichung y(1,3 m) = 1,125x(0,3 m). Die Gipfelwerte streuen stark. Die Meßwerte sind entweder ungenau, oder der Wind war hier zu böig. Eine statistische Überprüfung nach Spearman's Rank unter Verwendung auch der mangelhaften Gipfelwerte ergab jedoch stark positive Korrelation (r_s = +0,79) auf dem Signifikanzniveau 0,01. Alle Meßwerte sind also genau genug, um eine Berechnung der Oberflächenrauhigkeit damit vorzunehmen.

Hierzu wurden halblogarithmische Diagramme nach Bagnold (1984, Fig. 17 und 18, Kap. 5) gezeichnet, in denen die Höhe über Grund (log.) gegen Windgeschwindigkeiten aufgetragen wird. Die Geraden durch die gleichzeitigen Geschwindigkeitswerte in verschiedenen Höhen = Windgeschwindigkeitsgradienten schneiden sich bei ruhendem Sand in einem Punkt nahe der Windgeschwindigkeit = 0 m/s (Idealfall), der die Oberflächenrauhigkeit des Geländes wiedergibt. Bei bewegtem Sand schneiden sie sich in einem Punkt (Idealfall), der dazu noch die Grenzgeschwindigkeit für Sandtransport am Ort wiedergibt. Die Anwendung dieses Diagramms auf die Meßwerte der Basisstation ergibt Konvergenz der Geschwindigkeitsgradienten bei etwa 3×10^{-4} m (Fig. 4) und v = 1 m/s. Die beiden sich nicht schneidenden Geraden liegen auch außerhalb der Testgeraden y = 1,125 x und gehören daher nicht zu den zuverlässigen Werten.

Aus Abbildung 4 lassen sich folgende Ergebnisse ableiten:

1. Da die Geraden nicht beim Nullwert der Geschwindigkeit konvergieren, war der Sand zur Meßzeit in Bewegung.

2. Die Geraden konvergieren etwa bei der Geschwindigkeit v = 1 m/s. Dies ist die Grenzgeschwindigkeit für Sandtransport in einer Höhe von 0,3 mm.

3. Die Rauhigkeit der Oberfläche an der Ghourd-Basis beträgt 0,3 mm. Dies sollte nach Bagnold etwa 1/30 der Höhe der Oberflächen-Unregelmäßigkeiten sein. Die Ghourd-Basis bestand hier aus einer langsam ansteigenden, sehr flachen Sandrampe mit Kreuzrippeln von etwa 1 cm Höhe. Bagnolds Vermutung, daß Rippelhöhen ausschlaggebend für die Rauhigkeit sind, wird bestätigt.

Wendet man das Diagramm auf die leider fehlerhaften Meßwerte am Gipfel der Ghourd an, so ergibt sich nach Eliminierung der fragwürdigen Gradienten Konvergenz bei ~10 - 5 m Höhe und v = 1 m/s. Dies bedeutet: Der Sand war zur Meßzeit ebenfalls in Bewegung. Die Grenzgeschwindigkeit für Sandtransport beträgt ebenfalls 1 m/s, aber diesmal in nur 0,01 mm Höhe. Diese sehr geringe Rauhigkeit der Oberfläche muß aber mangels Rippeln im bewegten Gipfelsand

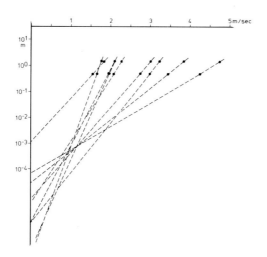

Fig. 4: Vertikale Windgeschwindigkeitsgradienten am Südrand des Großen Östlichen Erg (Messungen der Basis-Station bei Draa bel Guebbour in 0,3 und 1,3 m Höhe über Sandboden mit Rippeln)

anders erklärt werden. In Frage kommen die gröbsten Sandkörner. Der Häufigkeitsverteilung des Gipfelsandes Nr. 13 (Fig. 2) läßt sich entnehmen, daß die gröbste Fraktion von 0,25 - 0,5 mm mit nur 7 Gew.% vertreten ist. Die wenigen Grobkörner um 0,3 mm sind also entscheidend für die Rauhigkeit der Oberfläche. Nach Bagnold war die Korngröße nur bei ruhendem Sand wichtig. Außerdem arbeitete er mit homogenen Sanden von einheitlicher Körnung. Im wesentlichen bestätigen diese Messungen jedoch nur, was Bagnold schon 1941 aus vielen Laborversuchen abgeleitet hatte. Die Bestätigung am Meßort eröffnet jedoch die Möglichkeit, aus den Gipfel- und den Mittelhöhenwerten eventuell die Rauhigkeit des gesamten Erg zu erhalten bzw. zu untersuchen, ob diese Gesetzmäßigkeiten auch auf andere Dimensionen - nämlich ganze Ergs - anzuwenden sind. Abstriche müssen insofern gemacht werden, als die beiden Meßpunkte nicht genau vertikal übereinander lagen. Das entsprechende Diagramm (Fig. 5) ist weniger überzeugend als Figur 4. Von Ausreißern - hierbei handelt es sich um Werte bei extrem unterschiedlichen Windrichtungen - abgesehen, ergibt sich aber eine deutliche Tendenz zur Konvergenz der Gradienten bei v = 0 m/s und $5 \times 10^\circ$ m Höhe auf der y-Achse. Dies bedeutet:

1. Da die Geraden in etwa 5 m Höhe konvergieren, könnte dies als die Rauhigkeit des südlichen Erg angesehen werden. Statt der Rippeln sind diesmal die Draa (quasi Riesenrippeln) verantwortlich. Da die Ghourd in der Umgebung etwas über 100 m hoch sind, würde die Dimension der Rauhigkeit analog zu Rippeln und Korngrößen stimmen. Diese erstaunliche Übereinstimmung läßt vermuten, daß durch verbesserte Windmessungen tatsächlich die Rauhigkeit von ganzen Ergs erfaßt werden könnte und daß die Bagnoldschen Relationen unabhängig von der Dimension Gültigkeit besitzen. Unterhalb 5 m Höhe sind danach keine Winde mehr zu erwarten, die aus dem Höhenwind abgeleitet werden können.

2. Im Gegensatz zu den anderen Diagrammen schneiden sich die Geraden nicht bei positiven Geschwindigkeitswerten. Da die Konvergenz beim Nullwert erfolgt, ist mit Bagnold ein ruhendes Medium anzunehmen. Dies kann sich jedoch nicht auf den Sand beziehen - der ja bewegt wurde -, sondern nur auf die Dimension, die die entsprechende Rauhigkeit bewirkt, also die großen Dünen. Der Analogie-Schluß wäre: Es findet keine Draa-Bewegung als ganzes statt. Der Süden des Großen Östlichen Erg wäre ein fixierter Erg. Dies entspricht durchaus dem morphologischen Befund.

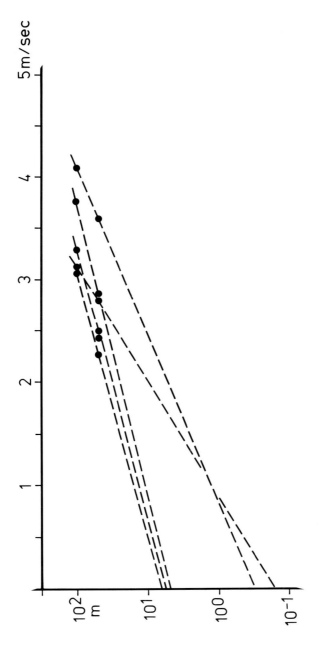

Fig. 5: Vertikale Windgeschwindigkeitsgradienten im Großen Östlichen Erg (Messungen der Gipfel- und Mittelstation bei Draa bei Guebbour in 110 und 50 m Höhe)

2.4 Diskussion der Ergebnisse

Die Dünenkomplexe des Großen Östlichen Erg werden in der Literatur häufig als Ghourd oder Sterndünen bezeichnet. Entlang des gesamten Gassi Touil liegen jedoch Topographien vor, die man am treffendsten "Firstdünen" oder "Doppelsterndünen" nennen könnte. Die Firste ziehen dabei unabhängig von der Richtung der Draa-Kette immer etwa E-W. Während sie also im mittleren Erg mit NW-SE verlaufenden Reihen etwa dieser Richtung folgen, stehen die Firste im Süden mit etwa N-S-Reihen annähernd senkrecht hierzu. Auch im südöstlichen Erg scheint es der Literatur zufolge diese Strukturen zu geben. Die Firste sind mit Sicherheit primäre Formen. Der Sand wird hier jedoch nicht mehr akkumuliert. Granulometrische und morphoskopische Indizien sprechen eher für einen Abbau. Die Sande werden über die Sternarme exportiert und vernetzen die Draa mit Sif. Am Süd-Rand werden sie als aktuelle Flugsande an Hindernissen akkumuliert. Die rezente Umgestaltung der Draa ist jedoch stärker als zum Beispiel im Namib-Erg. Besonders westliche Winde, die nach Süden wirksamer werden, scheinen hierfür verantwortlich zu sein. Granulometrische und morphoskopische Indizien deuten außerdem auf unterschiedliche Sandquellen im inneren (gemischt) und südlichen Erg hin, wobei im Süden die fluviale Prägung stärker ist, eventuell durch das Oued Igharghar. In jüngerer Zeit sind jedoch keine Sande mehr geliefert worden, und der gesamte Erg besitzt eine lange einheitliche Vergangenheit.

Den Windmessungen zufolge herrschen an der Basis der Draa und bis mindestens zur halben Höhe unterschiedliche aerodynamische Verhältnisse mit Eigendynamik. Die Rauhigkeit der Basisflächen wird, Bagnolds Vermutung bestätigend, durch die Rippelhöhen bestimmt. Die Rauhigkeit der Gipfelflächen wird anders als nach Bagnold auch bei Sandbewegung durch die Korngrößen bestimmt, und zwar durch den geringen Anteil der gröbsten Fraktion. Die gleichen Gesetzmäßigkeiten gelten für die Rauhigkeit des gesamten Erg, die durch die Draa-Höhen gesteuert wird.

Nicht ausreichend geklärt ist die Frage nach dem äolischen Sandtransport. Besonders die statistisch signifikante Zunahme der Sortierung nach Süden läßt auf Transport durch nördliche Winde schließen. In der geographischen Literatur existiert aber eine Sandbewegungskarte der Sahara (Wilson 1971) mit Sandflußlinien, die aus meteorologischen Resultaten und morphologischen Phänomenen konstruiert werden. Hiernach geht der Sandtransport im gesamten Großen Östlichen Erg nach Nordosten. Der Widerspruch könnte eventuell durch nach Süden zunehmend häufigere oder stärkere SW-Winde erklärt werden. Hierzu ist ein Winddatenvergleich notwendig. Die brauchbarsten Angaben finden sich immer noch in den Werken von Dubief (1952, 1953). Schon bei der Untersuchung der Windschliffe war die Übereinstimmung der Schliffrichtungen mit Dubief (1953) Karte II aufgefallen (Besler 1987a). Bei Bordj Omar Driss (= Fort Flatters) ist eine kräftige Sandwindresultante aus Südwesten (nach Nordosten) eingetragen, ebenso bei Ghadames am Südost-Rand des Großen Östlichen Erg. Vergleicht man Karte II bei Dubief (1953) mit Figur 3 bei Dubief (1952), so ergibt sich, daß anscheinend für den Sandtransport nur die südwestlichen Winterwinde verantwortlich sind, da im Sommer hier Etesien-Winde aus Nordosten wehen. Eine Erklärung wäre über unterschiedliche Windstärken möglich. Da Fort Flatters weniger Sandwindtage hat als Ouargla und Touggourt und Kebili (Tunesien), aber den längsten Sandwindvektor (Dubief 1952 Karte 2, 1953 Tab. 1), sind die Winde im Süden entweder stärker oder von einheitlicherer Richtung. Für den nördlichen Erg (El Oued) errechnete Dubief trotz des Saisonwechsels sowohl längste Dauer als auch größte Häufigkeit von Sandwinden aus Osten. Dies entspricht dem Befund aus Tunesien (Besler 1987b). Für den südlichen Erg (Fort Flatters) gibt Dubief längste Dauer von Sandwinden aus SSW an und größte Häufigkeit aus Westen (bei saisonalem Wechsel). Die Stationen dazwischen (Touggourt und Ouargla) zeigen den Übergang mit längster Dauer aus östlichen und größter Häufigkeit aus westlichen Richtungen. Nach Süden nehmen also westliche Sandwinde nach Dauer und Häufigkeit zu. Die effektiven Richtungen scheinen konstanter zu werden. Gleichzeitig nimmt die Zahl der Windstillen nach Süden deutlich zu (Dubief 1952 Tab. II). Nach Figur 4 (Dubief 1952) scheint auch die Stärke der westlichen Winde nach Süden zuzunehmen. Es bleibt festzuhalten, daß heute für den südlichen Erg Winde aus dem südwestlichen Quadranten effektiv sind. Die nach Süden zunehmende Sortierung kann durch in gleicher Richtung einheitlichere und stärkere SW-Winde verursacht werden. Falls man sie den NE-Winden zuschreiben will, müssen die granolumetrischen Parameter aus anderen Windepochen vererbt sein. In diesem Zusammenhang muß auch die eigenartige - ebenfalls vererbte - Firststruktur der Draa mit den Windverhältnissen verglichen werden.

Die Draa mit einer mittleren Wellenlänge von etwa 4 km ziehen im Norden etwa NW-SE und im Süden etwa N-S. Zwischen 30° und 31° nördlicher Breite kommt es zur Überlagerung beider Systeme mit einem ausgesprochenen Knotengittermuster. Das einzige Modell, das beim heutigen Kenntnisstand diese Phänomene widerspruchsfrei erklären kann (Besler 1980, Brown 1983), ist das der horizontalen Windspiralen in der planetarischen Grenzschicht (Taylor-Görtler-Bewegung). In diesem Falle sind im Pleistozän sehr starke, jahreszeitlich wechselnde Winde aus NW bis W und aus N anzunehmen, bei denen sich jeweils die parallelen

Wirbelrollen bildeten. Die NW-W-Winde gehörten zum System der ektropischen West-Winde, die auch heute noch bis südlich des Erg auftreten. Die Nord-Winde gehörten zum Passatsystem, das wegen der Windgürteleinengung weiter südlich ansetzte als heute, nämlich zwischen 30° und 31°. In der Wurzelzone der Passate wehen auch heute Nord-Winde (Dubief 1952), die erst gegen den Äquator wegen der Coriolisablenkung zu NE-Winden werden. Am Südrand des Großen Östlichen Erg schwenken die Draa auch nach SSW um. Beide Wirbelrollensysteme müssen im Süd-Erg gleichzeitig aktiv gewesen sein und nicht erst nach Windgürteländerung, weil ab einer gewissen Höhe die Draa-Reihen des einen Systems die Ausbildung der Wirbelrollen des anderen Systems behindern würden. Andererseits kommt es bei vorhandenen Dünenreihen zu einer Selbstverstärkung des Mechanismus. In Nord-Süd-Reihen angeordnete Ost-West-Firste könnten daher beide Systeme verstärken. Erst seit Windgürtelveränderung wären dann durch schwächere holozäne Winde (Passate nach Capot-Rey 1970 < 4 - 6 m/s) die einzelnen Firstdünen durch Sif-Arme vernetzt worden. Das Originalmuster wird heute verwischt, da keine Taylor-Görtler-Bewegung mehr auftritt. Die weit verbreitete Ansicht, daß Sterndünen unter polymodalen Windsystemen entstehen (z. B. Fryberger 1979), wurde aus den schon bestehenden Formen abgeleitet und stellt keinen Widerspruch dar. Erstens liegen die Sterndünen heute häufig unter wechselnden Winden (die Sterne nicht aufbauen, sondern modifizieren!), und zweitens erzeugen diese großen Sandberge lokale Wirbel, die bei Messungen Polymodalität ergeben. Auch das Argument von Kocurek (1986), daß Sterndünen nur stationär sein könnten, wenn sich die Winde des polymodalen Systems genau aufheben, verliert sein Gewicht. Während das Zentrum der Sterne seit langem stationär ist, wachsen die Arme oder senden Sif und Silk aus je nach den lokal dominierenden Winden.

3. Äolische Dynamik an der Höhengrenze im Hoggar

Nach den Untersuchungen am Tibesti-Gebirge von Hövermann (zuletzt 1985) ist die Vertikalgliederung der Trockengebiete in die Literatur eingegangen. Auf das Windrelief folgen die Sandschwemmebenen und darüber die Wüstenschluchten. Oberhalb scheint es wenig äolische Dynamik zu geben. Nach Jäkel (priv. Mitt.) kommen im Tibesti Längsdünen bis 1000 m und Versandung in einzelnen intramontanen Becken bis 1300 m Höhe vor. Darüber liegt die stark zerschluchtete Region. Im Hoggar-Massiv interessierte die Frage, wo die entsprechenden Grenzen der Vertikalgliederung liegen und ob und wie sich vorhandene äolische Dynamik morphologisch äußert. Dazu wurden entlang der Route und auf Abstechern alle äolischen Formen wie Windschliffe, Flugsandanwehungen und Dünenbildung kartiert. Das höchstgelegene größere Windrelief bildet entlang dieser Route der Erg Amguid unmittelbar südlich des Tassili-Kranzes im N. Auf der Carte du Sahara 1:200.000 (Ausgabe IGNF 1957) wird der höchste Punkt mit 970 m angegeben, auf der IWK 1:1.000.000 mit 896 m. Dieser Punkt liegt am Ostrand genau in der westlichen Verlängerung des südlichen Stufenrandes des Emecheur (ca. 1000 m), der ein Teil des nordwärts geneigten äußeren Tassili-Kranzes darstellt. Es ist nicht ausgeschlossen, daß die hier angeblich 200 - 300 m hohen Dünen des Erg Amguid an versandete Tassili-Reste angelehnt sind, die zwischen den Armen des Oued Igharghar (ca. 600 m) stehen geblieben sind. Etwas höher liegt der kleine Erg Guidi südlich der inneren Tassili-Stufe (Adrar Ahellakane) mit 1089 m (IWK) als höchstem Punkt (Carte du Sahara: 1170 m), der jedoch - östlich der Route - unbesucht blieb. Auch hier sind gleich hohe Stufenreste dicht benachbart.

Obwohl das Gelände nach Süden ansteigt, bleiben kleinere bergferne Dünenfelder jetzt stets weit unterhalb der 1000-m-Grenze. Das gilt auch für den Erg Telachimt NNE des Gâret el Djenoûn, bei dem die höchsten Punkte (ca. 1000 m) deutlich als Felsdurchragungen gekennzeichnet sind. Dünen sind überall vorzugsweise an Westseiten von Erhebungen zu finden (vgl. die Windschliffkarte bei Besler 1987a). Auf der Südwestseite des Hoggar in Richtung auf Mali findet sich nichts Vergleichbares. Die Gegend ist ausgesprochen sandarm. Aber auch nördlich kann man zwischen Tassili und Hoggar-Zentrum nicht von einer Höhenstufung sprechen, da Ergs und Dünen sehr vereinzelt auf den Sandschwemmebenen (im Sinne Hövermanns) liegen, wobei die Basisfläche allerdings in allen Fällen unter 1000 m bleibt.

Yardangs treten nicht auf. Auch eindeutige Windschliffe wurden nicht gefunden (vgl. Besler 1987a). Dies mag am kristallinen Gestein liegen. Sand als Schleifmittel wäre vorhanden. Windwirkung macht sich nämlich oberhalb 1000 m ausschließlich durch äolische Sandakkumulationen bemerkbar, die in verschiedenen Formen auftreten können. Der Sand muß dabei aus den Wadis stammen, da Sandsteine für in-situ-Zerfall weitgehend fehlen.

Weitaus am häufigsten wurde Versandung am Fuße von Bergen und Hügeln registriert. Die höchstgelegene Versandung wurde etwa 20 km NNW des Flughafens von Tamanrasset bei 1430 m NN beobachtet. In dieser Höhe liegt auch die obere Grenze äolischer Akkumulation überhaupt. Dabei sind vorzugsweise die Westseiten versandet, was mit der Sandwindresultanten von Dubief (1952) für Tamanrasset aus 267° übereinstimmt. In wenigen Fällen tragen die Versandungen Groß- oder Megarippeln, ein Zeichen für Ausblasung älterer Akkumulationen. Die höchsten Vorkommen liegen bei etwa 1060 m, 25 km nördlich der Straßengabel N

Taourirt und in derselben Höhe 14 km SW der Abzweigung nach Abalessa.

Nebkas sind natürlich an Vegetation gebunden und finden sich vorzugsweise in Wadis und Abflußrinnen. Das höchste Vorkommen lag 1360 m hoch in der Nähe des Flughafens von Tamanrasset. Echte Dünen mit Kammbildung wurden nach den Bergfußversandungen am häufigsten registriert; sie reichen auch genauso weit hinauf. Allerdings sind alle Dünen ans Relief gebunden, d. h. an Hügel angelehnt. Freie Dünen treten nicht auf. Sande werden offensichtlich nur an Hindernissen akkumuliert. Im Februar 1984 lagen sie vor allem an den Nordseiten mit Leehängen nach Süden. Teilweise kommen auf dem unruhigen Bergrelief echte Barchane vor, so zum Beispiel nördlich des Taourirt bei 1160 m auf einem 80 m hohen N-S-ziehenden Rücken aus saigerem Kristallin der mylonitischen Zone (Rognon 1967). Der Sand dieser 3 m hohen Barchane mit Lee nach S-SSW (Probe 16) ist relativ grob, aber sehr gut sortiert, in der Kornverteilung symmetrisch und mesokurtisch. Die Schluff-Fraktion ist völlig ausgeblasen, und das Maximum in der Dünensandfraktion (0,125 - 0,25 mm) ist sehr steil. Es handelt sich damit um eine aktuelle Bildung durch starke Winde.

Zwischen diesen Dünen und den Bergfußversandungen vermitteln die Sandrampen und Sandschilde, in denen der Hangaufwärtstransport der Sande erfolgt. Sie sind jedoch weniger häufig und reichen auch nicht so hoch hinauf wie die Dünen bis (1130 m).

Im Vergleich zum Tibesti-Gebirge läßt sich für das Hoggar-Massiv folgendes zusammenfassen: Eine deutliche Höhenstufung des Windreliefs ist nicht feststellbar. Dünenfelder liegen bis ca. 1000 m Höhe vereinzelt auf den Sandschwemmebenen im Igharghar-Bereich der Nordabdachung und fehlen im SW. Die Versandung an Bergen und Hügeln reicht etwa 100 m höher als im Tibesti und bevorzugt westliche bis nördliche Expositionen. Übereinstimmung besteht mit Hövermanns Niederschlags-Gliederung (1985), nach der Windreliefs bei <30 mm auftreten und Sandschwemmebenen bei <60 mm.

4. Äolische Dynamik am Südrand in Nord-Mali

Die Route (Fig. 6) führte, von Algerien kommend, zunächst über Tessalit und folgte dem Vallée du Tilemsi bis etwa 45 km südlich von Aguelhok. Dann ging es ohne Piste etwa in Richtung WSW, wobei die Brunnen Asler, Anéchag und Eroug berührt wurden und schließlich die kaum sichtbaren Spuren der Piste Araouane-Tombouctou. Dies ist das "leere Viertel" Malis. Entsprechend wenig findet sich hierüber in der neueren Literatur. Nördlich von Araouane führten

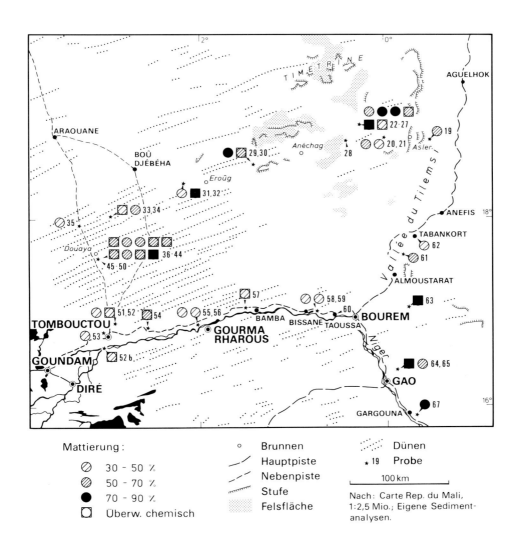

Fig. 6: Übersicht über die untersuchten und beprobten Gebiete in Nord-Mali

Petit-Maire & Riser (1983) mit Mitarbeitern Untersuchungen über das Quartär des Beckens von Taoudenni durch, die sich jedoch wenig mit äolischer Dynamik beschäftigen, mit Ausnahme des Erg Ine Kousamène. Besser untersucht ist die Gegend entlang des Nigers von Tombouctou (bzw. Kabara) stromab, durch die ein weiterer Teil der Route führte. Hier sind es der Nigerlauf und damit zusammenhängend auch die Dünenabfolge, die bis in die neuere Literatur hinein Probleme aufwerfen (Beaudet et al. 1977, 1981). Eng verbunden mit diesen ist das Vallée du Tilemsi, in dessen unterem Teil nördlich Gao weitere Untersuchungen durchgeführt wurden.

4.1 Gelände-Untersuchungen

Zunächst sollen die unterschiedlichen äolischen Formen topographisch und im Landschaftsverband dargestellt werden, basierend auf Beschreibung und Vermessung. Dabei werden einzelne Ergebnisse der Sediment-Analyse, die im nächsten Kapitel behandelt werden, vorab herangezogen, soweit sie zur Charakterisierung des Milieus notwendig erscheinen.

4.1.1 Die Landschaft Azaouad

Weit verbreitet sind im Becken von Araouane und im Azaouad strukturlose Sandschwemmebenen oder Feinserire. Diese weisen einheitlichere Korngrößen und weniger Gerinnespuren auf als in Algerien (Tanezrouft, Igharghar-Bereich zum Beispiel) und lassen den Begriff "Sandtennen" gerechtfertigt erscheinen. Ausgesprochene Mikrostrukturen, die zunächst als Megarippeln angesprochen wurden, liegen nur im westlichen Teil des Vallée du Tilemsi, wo auf der Breite des Brunnens Asler ein größeres Feld von ihnen untersucht wurde. Der Reg-Boden der großen Talung wurde entlang des Oued Acharaba aus ENE erreicht. Stellenweise tauchen Ausbisse von Sedimenten der Oberkreide daraus auf und kleinere Vegetationsinseln. Nach Westen nimmt der sandig-schluffige Wadi-Charakter zu. Etwa 10 km östlich der ersten Talrand-Stufe aus Maastricht-Kalken (Kreb de Terrech) nimmt die Versandung die Formen von Sandschilden und Megarippeln an. Die "Rippelstrukturen" verlaufen hier etwa N-S (NNW bis NNE) und sind 20 cm hoch und 7 - 16 m lang. Die Abstände betragen wenige Meter. Die E-Seiten sind etwas weniger geneigt (ca. 10°) als die Westseiten (ca. 15°). Dementsprechend fallen die Schichten mit 15° nach Westen ein. Schon diese Schichtung deutet darauf hin, daß es sich nicht um äolische Megarippeln handelt, was durch Sediment-Analyse (Probe 19) bewiesen werden konnte. Das Material ist eine Mischung aus Feinsandkörnern und aggregierten Schluffen und Tonen aus unterschiedlichen Quellen (Flugsand und Schaumboden) mit einer für Mikrodünen typischen Häufigkeitsverteilung im Feinkornbereich. Etwa 35 Gew.% bestehen allerdings aus Kieseln von 5 - 10 mm Größe. Der hohe Kieselanteil auch in den inneren Schichten der Rippeln sowie eine Korngrößenlücke um 2 mm, die typisch für eine Mischung aus verwitterungsbestimmtem Kiesanteil und transportbestimmtem Sandanteil bei fluvialem Transport zu sein scheint (Ibbeken 1983), sprechen sehr stark für eine fluviale Ablagerung in Form dieser großen Rippeln, die dann nur oberflächlich ausgeblasen wurden. Die Rippeln liegen parallel zum Tilemsi-Tal und könnten daher nur durch starken - eventuell schubweisen - Abfluß von der westlichen Talrandstufe (Kreb de Terrech) entstanden sein. Die Kiesel stammten dagegen aus E, da sie aus rotem granitischen Material bestehen.

Die Sandtennen beginnen oberhalb der Stufen am Brunnen Asler mit horizontal geschichteten Sanden (Probe 20), aus denen zahlreiche Ausbisse aus Sandsteinen des Continental Terminal mit Eisenrinden auftauchen (Probe 21). Südlich des Berglandes von Timetrine ziehen flache Sandwälle mit asymmetrischem Querprofil nach WSW, die an stark verwaschene Längsdünen erinnern. Hiervon wurde ein Exemplar näher untersucht. Die steilere Nordflanke steigt unten mit 10° an und wird nach oben zunehmend flacher. Der Wall ist etwa 10 m hoch, und die S-Flanke neigt sich über größere Distanz kaum. An der Nordseite stehen konsolidierte Sande an (Probe 24), die auch in flachen Mulden auf dem Wall zutage treten (Probe 26) und bei denen es sich der Sediment-Analyse zufolge um dasselbe Material handelt, aus dem der gesamte, recht homogene Sandwall besteht. Die Wälle scheinen also verfestigte Dünen zu sein. Zur Untersuchung der inneren Struktur wurde eine rechtwinkelige Profilgrabung am N-Hang in 6,5 m Höhe durchgeführt. Die Oberfläche fiel hier mit 8,5° nach NW-NNW ein. Bis 140 cm Tiefe war die Schichtung aus Fein- und Grobkornlagen einheitlich und gut erhalten, auch nicht durch Bodenbildung verwischt. In 70 cm Tiefe fand sich jedoch ein 7 - 8 cm mächtiger bioturbat gestörter Horizont. Grabgänge von Tieren reichten bis 90 cm hinab, tote Würzelchen bis zur Profilbasis. Die Schichtungsanalyse ergab überwiegend nach NW einfallende Lagen von allerdings schwacher Neigung (7 - 9°), also parallel zur Oberfläche. Nach den Untersuchungen von Kocurek (1986) bleiben auch von Längsdünen überwiegend nur schwach geneigte Schichtungen erhalten, da echte Leehänge nur 10 % der Höhe über einem inaktiven Sockel ausmachen. Die stärksten Einfallwinkel von 14 - 15° wurden sowohl nach NW als auch nach SSW gemessen. Dies unterstreicht den Längsdünencharakter in Folge östlicher Winde trotz der zunächst an Querdünen erinnernden Asymmetrie. Da hier die Arbeit wegen starkem Sandwind aus WSW unterbrochen werden mußte, konnten auch Beobachtungen zum Sandtreiben gemacht werden. Dieses setzte bei Böen von 9 m/s ein (Messung 25 cm über Grund; in 1 m Höhe ca. 13 m/s). Deutlich ließen sich die rollenden Grobkörner von Feinsand in Saltation unterscheiden. Die maximalen Windgeschwindigkeiten lagen bei 13 m/s (einmal eine Böe von 15 m/s). Dabei wurden durch örtliche Wirbelbildung in Zeltnähe im Grobsand ($\hat{=}$ Probe 23) Schneisen erodiert. Andererseits wurde an der Feuerstelle sowohl im Luv als auch im Lee Sand abgelagert (Probe 27). Ein granulometrischer Vergleich der beiden Sandproben zeigt die Verarmung des Grobsandes (Mz = 0,36 mm) an den Fraktionen 0,063 - 0,25 mm, die praktisch die Gesamtmasse des Flugsandes (Mz = 0,17 mm) ausmachen. Da jedoch normalerweise keine Hindernisse zur Akkumulation vorhanden sind, wird der äolisch transportierte Flugsand andernorts wieder zwischen die Grobsande verstreut. Briem hat dieses Sandfegen auf Sandschwemmebenen 1977 untersucht und ähnliche Korngrößenverteilungen gefunden.

Etwa beim Brunnen von Anéchag beginnt halbwüstenartige Vegetation. Auf der Länge des Brunnens von Abelbod, aber zwischen den nördlichen Bergen und den SW-Ausläufern des Timetrine-Berglandes, wurden dann wieder Längsdünen in WSW-Richtung angetroffen, diesmal jedoch mit scharfen Kämmen ('Elb Iguit). Die untersuchte Düne war etwa 15 m hoch und ebenfalls asymmetrisch im Querprofil mit konvexem S-Hang (Basis 10°, Mitte 28°, oben 20°) und lee-artigem N-Hang von 28° Neigung. Diese Neigungsverhältnisse deuten auf wechselnde Leeseiten aufgrund unterschiedlicher Winde hin. Erstaunlicherweise gibt es nach Westen geöffnete Dünengabelungen, was der Theorie nach nur auf windwärtigen Seiten der Fall sein dürfte. Die Sedimentanalyse ergab für Kammsande (Probe 29) trotz Grobkörnigkeit gute Sortierung, positive Schiefe und Mesokurtosis sowie starke äolische Mattierung, also aktuelle äolische Formung. Der zum Teil mit Gräsern bewachsene Basisteil auf der Südseite der Dünen gleicht dagegen eher den Sandwällen des Ostens, auf denen die Kämme aufgesetzt erscheinen. Am Untersuchungsort war die Basis mit geraden Großrippeln von 10 cm Höhe und 80 - 100 cm Abstand bedeckt, die sich bei Grabung als völlig ungeschichtet erwiesen. Diese Struktur und die granulometrische Analyse (Probe 30) weisen diese Rippeln im Gegensatz zu den Rippeln im Tilemsi-Tal als echte äolische Residualrippeln aus. Es scheint sich hier also seit längerer Zeit eine Reaktivierung mit Ausblasung der feineren Körner und Kammbildung zu vollziehen. Bezeichnenderweise waren diese Basissande weniger äolisch als vielmehr chemisch mattiert. Dies war das nördlichste Vorkommen von reaktivierten Dünen und relativ isoliert. Mainguet et al. (1980) setzen die aktuelle Dünengrenze - der 150-mm-Isohyete entsprechend - bei etwa 17° N an (etwas nördlich

Tombouctou). Die meisten Altdünen im Azaouad sind jedoch fixiert, und rezente Bildungen gibt es nicht.

Westlich des Brunnens von Eroug dehnt sich wieder eine vegetationslose Sandtenne aus, auf der wir von einem zehnminütigen Regen überrascht wurden. Dies wurde zum Anlaß genommen, die Durchfeuchtung des Sandes zu untersuchen. Die Oberfläche trägt hier nur kleinere Rippeln ohne erkennbare Ausblasungserscheinungen (Probe 31). Die Eindringtiefe des Niederschlags in den grobkörnigen Sand (Mz = 0,28 mm) betrug je nach Rippellage 1,5 - 2,0 cm. Die oberflächliche Abtrocknung dauerte etwa eine halbe Stunde. Erst danach ließ sich eine in den Boden hineinwirkende Austrocknung feststellen, deren lineare Progression mit 1 mm/min gemessen wurde. Dabei sank die Feuchte-Untergrenze in 10 Minuten auf 2,5 cm Tiefe ab. Direkt unter den Rippelkämmen ging die Austrocknung langsamer voran (0,5 mm/min), was auf die stärker gestörte Kapillarität in den gröberen Sanden zurückgeführt werden kann. In 2,5 cm hatte die Feuchtegrenze den verfestigten geschichteten Sand unter dem lockeren Oberflächensand erreicht und blieb hier die nächsten drei Stunden unverändert. Nach dem anfänglich linearen Absinken der Austrocknung in den ersten 10 Minuten verlangsamte sich der Vorgang stark und benötigte für die nächsten 0,5 cm drei Stunden. Es sind also nur die obersten 2 - 3 cm, die schnell auf Feuchteänderungen reagieren.

Unter dem festen geschichteten Sand folgt in 20 - 25 cm Tiefe rötliches ungeschichtetes Material, das nach unten zunehmend gelber wird und in 1,8 m Tiefe fast schwefelgelb ist. Nach den Untersuchungen von Vogg (1986) liegt hier ein gekappter fossiler Cambic Arenosol unter rezentem Regosol vor. Die Sediment-Analyse des Oberflächensandes (Probe 31) zeigt im Vergleich mit dem Sand aus 1 m Tiefe (Probe 32) in der Häufigkeitsverteilung eine deutliche Deflationslücke im Fraktionsbereich 0,125 - 0,25 mm. Die äolischen Sande, die den Paläoboden begraben haben, könnten also aus diesem selbst stammen und brauchten nur umgelagert worden zu sein. Auch die Korngrößenparameter des Tiefensandes deuten auf eine äolische Ablagerung hin (besser sortiert als an der Oberfläche, mesokurtisch), die bedeutend stärkere Mattierung ist jedoch chemisch bedingt durch pedogenetische Prozesse.

Auf den kambrischen Schiefern von Ydouban, die nun vereinzelt ausbeißen, nimmt die Gras- und Krautvegetation zu, und der Landschaftscharakter ändert sich. Große Sandwellen mit steileren N-Seiten werden ausgeprägter. Gehölzstreifen ziehen parallel dazu in den Gassen nach WSW, aber stellenweise auch wadiartig N-S. Hier beginnt die "steppe sahélienne" (Petit-Maire & Riser 1983). Auf den Karten ist diese Gegend mit verschiedenen 'Elb-Namen belegt. Nach Capot-Rey et al. (1963) wird dieser arabische Ausdruck in der Sahara je nach Region für unterschiedliche Phänomene verwendet. Die ursprüngliche Bedeutung "fester, vegetationsloser Boden" trifft hier sicher nicht zu. In Mauretanien bezeichnet man mit 'Elb sehr lange, fixierte Dünen mit schwachem Relief. Diese Bedeutung scheint nach Osten ausgeweitet worden zu sein.

Etwa ab 110 km WSW Eroug liegt unter der anscheinend unveränderten Oberfläche ein sehr lockerer, fast weißer, ungeschichteter Sand, der für Fahrzeuge gefährlich wird (Probe 33). Nach Sediment-Analyse handelt es sich hierbei weder um den schluff- und tonreichen Fesch-Fesch noch um den sehr homogen gekörnten echten Fließsand (Quicksand). Die Korngrößenverteilung weicht kaum vom Tennen- oder Dünenbasissand ab. Die morphoskopische Analyse zeigt jedoch Unterschiede: Die Körner sind glänzender und nicht patiniert; die geringe vorhandene Mattierung ist chemischer Natur. Damit könnte es sich um lokal von Wasser umgelagertes Material handeln. Bezeichnenderweise findet man hier eine Fülle von Reibesteinen und -schalen, Topfscherben, Knochen und sehr grobe Artefakte. Die Dünenzüge zeigen unter wenigen Zentimetern Lockersand standfestes, bräunliches, ungeschichtetes Material, das optisch dem Cambic Arenosol weiter östlich gleicht. Die Oberflächen sind deutlich deflatiert, wie die granulometrische Analyse zeigt (Probe 34). Diese Verhältnisse bleiben gleich bis zum Pistenbereich zwischen Araouane und Tombouctou. Ab und zu tragen Dünenzüge auch aktive Kämme, die bei stärkerem Wind Sandfahnen zeigen.

Etwa 90 km N Tombouctou in der Nähe des Brunnens von Douaya wurde das Gelände näher untersucht. Von einem Dünenrücken durch eine Dünengasse bis auf den nächsten Rücken wurde ein topographisches Profil von NW nach SE aufgenommen (Fig. 7). Der Abstand beträgt etwa 2 km. In der Gasse wurden limnische Sedimente, auch Seekreide ergraben (Vogg 1986). Die Dünenzüge tragen hier keine aktiven Kämme; sie sind sehr flach, aber deutlich asymmetrisch mit steileren NW-Hängen. Dies wird jedoch nur bei starker Überhöhung deutlich, da die Neigungswinkel generell sehr gering sind: 1 - 2° am SE-Hang und 3 - 6° am NW-Hang. Diese Abstände und Höhen entsprechen sehr genau der Beschreibung von Ogolien-Dünen in Gourma (Barth 1982). Die Rücken steigen jedoch nicht gleichmäßig an, sondern weisen ein sekundäres Relief durch Sandumlagerung auf: Absätze, Deflationsmulden und Akkumulation an Vegetation. Dabei fällt auf, daß gut geschichtete Sande besonders an den steileren Partien auftreten, an den flacheren dagegen (nahezu freigelegte) Bodenreste. Dies gilt sowohl für die Gesamtrücken als auch für die sekundären Strukturen. Die Grenze zwischen dem verbraunten ungeschichteten Material und den geschichteten Sanden ist gelappt, d. h. der - verfestigte - Sand liegt in Taschen. Der Paläoboden ist

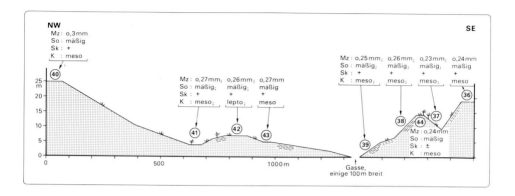

Fig. 7: Topographisches und granulometrisches Querprofil durch eine Altdünen-Gasse bei Douaya

offensichtlich erosiv gekappt. Nach der am NW-Hang angesetzten Profilgrabung handelt es sich dabei um Cambic Arenosol unter Regosol (Vogg 1986). Die große granulometrische Ähnlichkeit zwischen der Probe aus 1 m Tiefe (44) und den benachbarten Oberflächenproben deutet auch hier darauf hin, daß das Überdeckungsmaterial des Paläobodens aus diesem selbst stammt und nur umgelagert wurde. Allerdings sind die Oberflächensande ausgeblasen. Überhaupt zeigt das granulometrische Oberflächenprofil über den Dünenrücken trotz der größeren Dimension eine erstaunliche Einheitlichkeit, die in starkem Gegensatz steht zu den Profilen über aktuell mobile Dünen (Tunesien, Besler 1977, 1987b) oder teilweise bewegliche Dünen (Algerien, Besler 1984). Mit Ausnahme der obersten Dünenrücken und der sehr flach ansteigenden unteren SE-Flanke, die auch noch zur Dünengasse zählen könnte, war überall unter 3 - 5 cm Lockersand eine Feuchtsandschicht von 3 - 8 cm vorhanden. Die größte Feuchte (6 - 8 cm) trat an den Hängen einer Mulde im SE-Hang (bei Probe 41) auf, was sich in der Vegetationsdichte deutlich widerspiegelte. Vegetation trat vor allem an NW-Hängen auf und bestand im Bereich des Profils aus Panicum turgidum, Acacia raddiana, Merua crassifolia und Salvadora persica.

Etwa 25 km nördlich Tombouctou ändert sich der Dünencharakter. Jetzt herrschen annähernd N-S-ziehende kürzere Dünen vor, die aber ebenfalls asymmetrisch sind und keine Kämme tragen. 20 km nördlich Tombouctou wurde ein flacher NNW-SSE verlaufender Dünenrücken untersucht. Die Ostseite war nur 3 - 4° geneigt und stark von Gehölzen bewachsen. Die Westseite war etwa 10° geneigt, unbewachsen und bestand aus Lockersand. Die Höhe betrug nur 6 m. Optisch wirken diese Dünen feinkörniger und heller als die WSW-Rücken, die auch hier noch als kurze Dünen auftreten und ihren Kopf, d. h. ein aktives Ende (aber kein echter Leehang), im Westen haben. Der Kopf der N-S-Züge liegt im Norden. Dies deutet auf südöstliche Winde hin. Für Tombouctou sind leider keine detaillierten Winddaten erhältlich. Die Sandwindresultanten kommen bei Gao aus 90° und bei Aguelhok aus 67°. Die Sandwindhäufigkeit ist jedoch bei Gao aus SE am größten (Dubief 1953). Die Sediment-Analyse bestätigt den optischen Eindruck: Sowohl der Basissand von der leeartigen Westseite (Probe 52) als auch der Rückensand (Probe 51) besitzen ein ausgeprägtes und relativ schmales Häufigkeitsmaximum in der Fraktion 0,125 - 0,25 mm ohne Grobkornschleppe. Die Quarzkörner sind weniger chemisch mattiert als bei Douaya und auch weniger gerundet. Die offensichtlich reaktivierten Leesande sind deutlich weniger patiniert. Abgesehen von der aktuellen Reaktivierung liegt hier eine andere Dünengeneration vor, die schon zu den nigernahen Dünen überleitet.

4.1.2 Die Dünen am Niger

In der Umgebung von Tombouctou liegen unregelmäßige, relativ flache Dünen aus mobilen Sanden von heller Farbe (Probe 53). Granulometrisch und morphoskopisch vergleichbar sind die Sande der kleinen Randdünen direkt an den Nigerarmen (Probe 52b). Diese stellen mit Sicherheit die jüngste Dünengeneration dar und entsprechen wahrscheinlich der dritten Generation aus feinkörnigen blaßgelben Sanden bei Beaudet et al. (1981). Die im Trockenjahr 1984 besonders trostlos wirkende Landschaft sollte nicht durch rezente Desertifikation erklärt werden. Schon René Caillié, der die Gegend am 20.4.1828 als einer der ersten Europäer betrat, beklagte sich über die Stadt inmitten einer Wüste aus gelblich-weißem Sand, in der man keinen Vogel hören konnte (Boulenger 1932, S. 167/68). Nun erreichte Caillié bekanntlich als kranker Mann und unter lebensfeindlichsten Umständen diese Stadt, von deren Reichtum und Größe er jahrelang geträumt hatte. Sein Urteil war vielleicht nicht gerechtfertigt. Bekannt für seine genauen und objektiven Schilderungen ist jedoch Heinrich Barth, der am 7.9.1853 nach Tombouctou kam. Auch er beschreibt eine öde Landschaft: "Der ganze Strich hatte entschieden den Charakter einer Wüste" (1858 S. 411). Die Ansicht von Barths Einzug in Tombouctou unterstreicht dies. Schon 1853 sah die

Umgebung wie heute aus.

Auf der Nordseite des Nigers reichen jedoch auch große Altdünen bis nahe an den Fluß, nach Beaudet et al. (1981) die rosa Altdünen des Ogolien (21.000 - 15.000 B.P.). Diese waren Gegenstand weiterer Untersuchungen. Östlich Tombouctou führt die Piste nach Bourem durch Dünen wechselnder Richtung. Die längeren Rücken ziehen jedoch auch hier WSW-ENE, allerdings stellenweise auch NE-SW. Auch hier sind die Nordseiten steiler. Die Oberflächen sind jedoch beidseitig so fest, daß sich an Nordhängen kleine fluviale Erosionsrinnen eintiefen konnten. Trotzdem gibt es auf den Rücken stellenweise kleine aktive Leehänge. Eine solche Düne wurde nordwestlich von Gourma-Rharous in der Landschaft Tibtal exemplarisch untersucht. Dem üblichen Muster folgend zog der asymmetrische Rücken ENE-WSW mit Steilseite nach Norden. Diese Nordflanke stieg mit etwa 20° Neigung bis auf 13 m an. Der Rücken war abgerundet, doch saß an der höchsten Stelle ein kleiner 2,5 m hoher Dünenkamm mit aktivem Leehang nach Süden auf. Der letzte Wind war etwa dünenparallel effektiv gewesen und hatte dem Leehang leichte Rippelstrukturen aus ENE eingeprägt. An der Leehangbasis waren in den Dünenrücken Windschneisen erodiert, an die sich Großrippelmuster anschlossen. Dabei handelte es sich um Residualrippel im Abstand von 50 - 60 cm und von 10 cm Höhe, wovon die oberen 5 cm ungeschichtet und grobkörnig waren. Diese Formen gingen in die mit 2 - 3° nur sehr schwach geneigte Südflanke des Dünenrückens über.

Der Prozeß der Reaktivierung kann hier sedimentologisch nachvollzogen werden. Wie die Häufigkeitsverteilungen der Sandproben zeigen, wird bei der Reaktivierung des verfestigten Altdünensandes (Probe 56) durch Schneisenerosion vorwiegend die Fraktion 0,125 - 0,25 mm in die Kammbildung einbezogen (Probe 55). Körner >0,5 mm bleiben durchweg in den Rippeln zurück und werden hier relativ angereichert, wie auch ein Teil der Fraktion 0,25 - 0,5 mm. Die Korngrößenparameter beider Proben sind nahezu identisch. Doch ist der Kammsand durch die beschriebenen Prozesse besser sortiert. Auch die Morphoskopie der Proben ist vergleichbar. Patina-Zerstörung oder äolische Mattierung machen sich beim Kammsand noch nicht bemerkbar. Dies spricht dafür, daß die Kammsande nicht aus anderen Gegenden herantransportiert und aufgeweht, sondern in situ reaktiviert wurden. Am nächsten Morgen wehte ein NNE-Wind, d. h. in größerem Winkel zur Düne. Dabei konnte beobachtet werden, wie die Schneisen auf der Südseite verfüllt und auf der Nordseite kleine Yardang-artige Formen in Ansätzen erodiert wurden.

Nordwestlich Bamba wurde ein Randwall untersucht, der sich auf der Nordseite des Überflutungsgebietes entlangzieht, aber durch seine ESE-WNW-Richtung deutlich von den Altdünen abgesetzt erscheint (Probe 57). Korngrößenparameter und Häufigkeitsverteilung dieses Sandes sind erstaunlicherweise identisch mit Probe 54, die viel weiter westlich von einer Düne genommen wurde, allerdings auch benachbart zu Überflutungsbereichen. Der Dünensand (54) ist allerdings stärker mattiert, weniger patiniert und besser gerundet. Auf die große Ähnlichkeit aller nigernahen Sande wird bei der sedimentologischen Gesamtinterpretation noch eingegangen werden.

Etwa 20 km westlich Temera fällt der düstere Eisenkrustencharakter der Landschaft auf. Von hier bis Taoussa stehen harte oolithische Sandsteine der präkambrischen Serie von Takamba an, die für die Entwicklung des Nigerlaufs eine entscheidende Rolle spielen. Weit verbreitet sind hier auch Quarzkiesel-Serire. Die fluvialen Quarzkiesel im Continental Terminal belegen nach Beaudet et al. (1981) eventuell einen alten Nigerlauf vor Eisenkrustenbildung. Östlich Bissane liegen besonders aktiv wirkende Dünen der üblichen Richtung (ENE-WSW). Auch diese gehören zu den rosa Altdünen des Ogolien (Beaudet et al. 1981). Im Gegensatz zu den Dünenrücken im Westen tragen diese jedoch fast keine Vegetation (keinerlei Gehölze), die Sande sind sehr locker, und die Leehänge reichen fast bis zur Basis, sind also nicht nur aufgesetzt. Die exemplarisch untersuchte Düne war 23 m hoch, besaß einen scharfen, zur Zeit bei NW-Wind Sandfahnen ausschickenden Kamm (Probe 58), eine etwa 18° geneigte Nordflanke und einen nach Süden fallenden Leehang, unter dem noch ein alter Luvhang mit 10° Neigung sichtbar war. Der aktive Leehang wurde gegen das WSW-Ende der Düne größer. Am Nordhang reichte spärliche Gras- und Krautvegetation etwa bis zur halben Höhe.

Während also die alten Neigungsverhältnisse stets einen steileren Nordhang ergeben, wurde aktuell überall Leehangbildung nach Süden beobachtet, woraus nördlichere Winde im Holozän abgeleitet werden (vgl. Grove 1985). Während der Kammsand dem der anderen Nigerdünen gleicht, zeigt die Probe von der Nordbasis über Serirboden (Probe 59) die Häufigkeitsverteilung eines durch äolische Umlagerung in der Fraktion 0,125 - 0,25 mm gekappten Sandes. Diese Dünensande weisen außerdem einen deutlich höheren Anteil stark patinierter Quarzkörner auf (30 - 40 %) als alle bisher beschriebenen. Es ergibt sich das Paradoxon, daß die Reaktivierung von Altdünen am Niger viel ausgeprägter ist als im Azaouad, ja sie scheint nach Süden zuzunehmen. Die 150-mm-Isohyete kann nicht als aktuelle Dünengrenze herangezogen werden (Mainguet et al. 1980), da nördlich davon weniger Dünenaktivität herrscht als südlich.

Ein letztes Mal wurden nigernahe Altdünen südöstlich Gao bei Gargouna untersucht, jedoch nicht direkt am Nigerufer, sondern etwas abseits in der

Landschaft Tazemol, die eine Strauchsavanne mit zahlreichen Termitenbauten darstellt. Die Dünen sind hier als runde oder elliptische Schilde mit unterschiedlich gerichteten Längsachsen von 20 - 25 m Höhe erhalten. Die Hangneigungen betragen durchweg nur 5 - 8°. Am Fuß tritt das rote verfestigte Altdünenmaterial, deflatiert und von Polygonrissen durchzogen, zutage. Darauf liegen stellenweise fast schwarz wirkende Grobsande als Rippeln, die ein Ausblasungsresiduum darstellen. Besonders an E-SE-Seiten treten Yardangs im Altdünenkörper auf, die aus E- bis SE-Richtungen geschliffen sind. Die Rücken sind zum Teil sandbedeckt und tragen Gras- und Rutenstrauch-Kupsten (Leptadenia pyrotechnica). An den NW-Seiten reichen nackte Sande mit kleinen aktiven Leehängen bis zur Basis. Granulometrisch und morphoskopisch sind die verfestigten Sande den Altdünen aus dem Vallée du Tilemsi sehr ähnlich. Sie unterscheiden sich von den übrigen nigernahen Altdünen vor allem durch stärkere chemische Verwitterung und bessere Rundung sowie durch die 100 %ige dicke Patinierung der Quarzkörner.

4.1.3 Das untere Tilemsi-Tal

Im unteren Tilemsi-Tal, etwa zwischen Anefis und Gao, liegen sowohl rote Altdünenrücken als auch rezente barchanoide Dünen. Die ersten aktuellen Dünen (von Norden) treten etwa 5 km nördlich von Tabankort auf. Der Talboden ist auf weite Strecken tonig-schluffig, enthält aber auch größere Kieselflächen, die wie Serir wirken. Bei den Dünen handelt es sich um kleine Felder, die alle Übergänge von Sandschilden zu Barchanen und zu Sif enthalten. Es gab jedoch weder echte Barchane noch echte Sif. Die Mischformen sind Ausdruck wechselnder Windrichtungen. Die Dünen waren hier 1 - 3 m hoch und wurden nach Süden barchanartiger und kleiner. Die aktuellen Leehänge waren nach Süden gerichtet. Proben wurden von barchanoiden Kämmen bei Tabankort (Probe 62) und 30 km südlich (Probe 61) genommen. Die Sande werden nach Süden feinkörniger und stärker mattiert, Anzeichen eines Transports in dieser Richtung. Ein besonders hoher Anteil an kantigen Quarzkörnern und Nichtquarzen (auch Krustenstücke) unterscheidet sie von allen anderen Dünensanden und weist sie als junge Bildungen aus. Ihr Vorkommen deckt sich in etwa mit dem Bereich, wo das Tilemsi-Tal anstehende Schichten der marinen Oberkreide, des Paläozäns und mittleren Eozäns quert. Im weiteren Verlauf des Continental Terminal treten dann nur rote Altdünen auf.

Südlich von Almoustarat beginnen sehr flache rote Altdünen mit Baumbewuchs in das Tilemsi-Tal zu ziehen. Im Gegensatz zu den bisher beschriebenen Dünen tragen diese keine Decken aus Lockersanden. Das untersuchte Exemplar südlich Kerchouel wies eine ESE-WNW-Richtung auf. Eine Streu aus Kieseln, aber vorwiegend Konkretionen und sehr vielen Artefakten wirkte stellenweise wie Serirbedeckung. An anderen Stellen werden die verfestigten roten Sande von Tonhäutchen überzogen. Die Steinstreu bei fehlendem Feinsand läßt an fluviale Überspülung und äolische Ausblasung denken. Nach Beaudet et al. (1981) stammen die Eisenkonkretionen auf den fahlroten (fauve) Altdünen aus der Oolith-Fazies des benachbarten Continental Terminal. Die verfestigten Sande selbst (Probe 63) enthalten kein Grobmaterial und zeigen eine typisch äolische Häufigkeitsverteilung. Nach Süden werden weitere, fast eingeebnete Altdünen gequert, die im Abstand von etwa 2 km annähernd E-W ziehen.

23 km nördlich der Abzweigung nach Djebok (In Kak) fällt dann ein besonders hoher Dünenrücken auf, der sich, mit Hügeln vermischt, weit nach ENE erstreckt (Ag Ifanana). Hier reicht von Osten ein Rücken aus Früh-Tertiär besonders weit ins Continental Terminal hinein. An seiner Nordflanke hatte sich ein größerer Tributär ins Vallée du Tilemsi entwickelt (In Chaouag). Die Dünen sind hier also an die Hügelkette angelehnt. Eine 20 m hohe Altdüne wurde untersucht. An der Nordflanke hatten sich Gerinne in den sehr roten verfestigten Sand eingetieft. Nach Barth (1982) können sich Gullies in Altdünen schon nach einem Starkregen (25 mm/h) bilden, sofern die Oberflächen durch Verkrustung undurchlässig sind. Die hier sehr harten toneisensteinartigen Krustenreste entsprechen eventuell der bei Beaudet et al. (1981) erwähnten Eisensandstein-Induration. Die Furchen waren dann die Ausgangsbasis für den sandbeladenen Ostwind, der aus den Westhängen der Rinnen Yardangformen geschliffen hat. Der größte Teil der Altdüne war jedoch mit Lockersanden - ohne Kammbildung - bedeckt, in denen auch Gras wuchs. Auch diese Sandbedeckung ist der Sediment-Analyse zufolge aus dem verfestigten Sand entstanden. Die Häufigkeitsverteilung ist nahezu identisch. Doch sind gerundete Körner im Lockersand etwas angereichert und einige Grobkörner auf der Strecke geblieben. Außerdem wurde die chemische Verwitterungsmattierung der Altsande um etwa 20 % reduziert und die ursprüngliche 100%ige Patina der Quarzkörner zu 50 % zerstört. Aufgrund dieses Befundes kann gefolgert werden, daß die Freisetzung der Sande älteren Datums ist und daß sie seither stärker umgelagert worden sind als zum Beispiel die reaktivierten Dünen am Niger. Aktuell findet auf diesen Altdünen keine Sekundärdünenbildung statt. Beaudet et al. (1981) vergleichen diese nicht konsolidierten Dünenteile mit den rosa Dünen des Ogolien.

4.2 Die Sediment-Analyse

Nach dem Geländebefund und der Einzeldarstellung sollen nun die Analysenergebnisse statistisch und im räumlichen Vergleich behandelt werden. In Mali wurden insgesamt 49 Sedimentproben genommen, überwiegend Dünensand, aber auch vier Tennensande und vier Sandsteine. 34 Proben stammen aus dem Azaouad, 10 Proben vom Nigerufer und 6 aus dem Vallée du Tilemsi. Obwohl die Dünen in diesen Gebieten fast alle etwa gleiche Richtungen aufweisen und auch vergleichbare Dimensionen besitzen, belegen die Proben eine starke Differenzierung.

4.2.1 Granulometrie

Für die granulometrische Analyse wurden die Sedimentproben trocken mit einem φ-Siebsatz in dreidimensionaler Bewegung gesiebt. Sandsteine wurden vorher im Mörser von Hand oder im Backenbrecher zerkleinert. Frische Brüche und noch vorhandene Aggregate wurden unter dem Mikroskop ausgezählt und bei der Mengenberechnung berücksichtigt.

4.2.1.1 Korngrößenparameter und Summenkurven

Nach der Siebanalyse wurden die Summenkurven auf lognormalem Wahrscheinlichkeitspapier gezeichnet und daraus die Korngrößenparameter nach Folk & Ward (1957) berechnet. Wie vergleichende Untersuchungen von Friedman (1962) gezeigt haben, geben die Parameter von Folk & Ward gegenüber anderen gebräuchlichen die Abweichungen von Lognormalität am genauesten wieder und sind damit am milieu-sensitivsten. Annähernde Lognormalität, d. h. symmetrische Gaußsche Verteilung, weisen nur die Proben 32, 54, 56 und 64 auf. Dies sind interessanterweise immobile verfestigte Sande. Abweichungen von Lognormalität durch Kornverarmung in mittleren Bereichen, also durch Bimodalität, treten bei den Proben 19, 21, 22, 27, 42 und 43 auf. Die Oberflächensande 22, 42 und 43 zeigen die Kornverarmung in der Fraktion 0,125 - 0,25 mm, d. h. die typische äolische Ausblasung. Probe 21 vom Sandstein des Continental Terminal hat eine größere Lücke in den Fraktionen 0,063 - 0,5 mm, die durch diagenetische Prozesse und Feinkornbildung bei Verwitterung erklärt werden kann. Sandsteine neigen daher zu Bimodalität (Ibbeken 1983). Probe 19 ist der problematische Fall: Mikrodüne oder fluviale Megarippel? Das große Defizit von 0,063 - 2 mm deutet auf zwei unterschiedliche Ausgangsmaterialien hin, die allerdings beide fluvial sein müssen. Bei Probe 27 handelt es sich um den aktuellen Flugsand mit Lücke in der Fraktion 0,5 - 1 mm. Sie ist mit Sicherheit dadurch zu erklären, daß bei Probennahme einige Grobkörner versehentlich mitgegriffen wurden, da die Kurve <0,5 mm lognormal verläuft. Dieser Fehler verfälscht jedoch die Korngrößenparamater nicht.

Die mittleren Korngrößen sind naturgemäß sehr unterschiedlich. Milieuspezifischer sind die Sortierungswerte. Sehr gut sortiert ist nur ein einziger Sand: 52b von einer kleinen Nigerranddüne bei Koryoumé. Gut sortiert sind nur drei Sande: 29, 52, 55. Alle drei sind Proben von rezent reaktivierten Teilen von Altdünen. Die Altdünensande selber sind in sechs Fällen mäßig gut sortiert (neben Barchansanden) und überwiegend nur mäßig sortiert (18 Proben). Hierin spiegelt sich die Inaktivität wider, denn die meisten aktiven Inlanddünen sind mäßig gut sortiert (Friedman 1962). Einige Altdünen- und Tennensande sowie Sandsteinprodukte sind schlecht sortiert. Diese Proben stammen jedoch alle aus dem Azaouad nördlich des 18. Breitengrades. Die Sortierung scheint also nach Süden zuzunehmen.

Die Schiefe gibt das Verhältnis von Grob- zu Feinmaterial an. Bei Dünensanden überwiegt normalerweise der Feinanteil, und die Summenkurve ist positiv schief. Dies ist bei 30 Proben, also der Mehrzahl, der Fall. Nur Probe 19 ist negativ schief, ein weiterer Hinweis auf Wasserablagerung. Sandsteine und einige Altdünensande, vorzugsweise aus der Tiefe, zeigen symmetrische Verteilung. Die Kurtosis mißt das Verhältnis zwischen Fein- und Grobanteil einerseits und den Mittelfraktionen andererseits. Aktuelle Dünensande sind mesokurtisch (Voßmerbäumer 1974). In der Tat ist die Mehrzahl der Sande, auch der inaktiven Altdünen, mesokurtisch (32 Proben). Stark platykurtisch, d. h. ohne ausgeprägten Hauptteil, ist nur Probe 19, ein Hinweis auf schlecht vermischte unterschiedliche Ausgangssedimente. Keiner der Sande ist stark leptokurtisch mit überbetontem Mittelteil, was ein Indiz für vorsortierte Sande und vererbte Korngrößenverteilung wäre. Hieraus kann geschlossen werden, daß die Altdünen nicht oder nicht unmittelbar aus äolischem Sandstein (z. B. Continental Terminal) entstanden sind, wie zum Beispiel in der Namib (Besler 1980). Im letzten Fall waren zumindest Wasserumlagerungen und/oder die diagenetischen Prozesse zwischengeschaltet.

4.2.1.2 Häufigkeitsverteilungen: Sandtypen

Für weitere Milieu-Interpretationen eignen sich Häufigkeitsverteilungen besser als Summenkurven, da in letzteren die Fein- und Grobanteile überbetont werden. Wie Untersuchungen gezeigt haben (Besler 1984), ist für die Charakterisierung eines Sandes am aussagekräftigsten die Darstellung nach Walger (1965), die im folgenden verwendet und interpretiert wird (Fig. 8-12). Ein Vergleich aller Sande aus Mali zeigt große Unterschiede der Granulometrie. Andererseits lassen sich die Häufigkeitsverteilungen aufgrund von Kurvenähnlichkeiten zu wenigen Gruppen zusammenfassen.

1. Gruppe: schmales, mehr oder weniger hohes Maximum in der Fraktion 0,125 - 0,25 mm ohne breite Basis

Hierzu gehören die Kurven der Proben 27, 29, 51, 52, 52b, 53, 54, 55, 56, 57, 58. Mit Ausnahme der Probe 27, bei der es sich um aktuellen Flugsand im Azaouad handelt, und Probe 29 vom Kamm der isoliert reaktivierten Dünen zwischen Anéchag und Eroug stammen alle Proben von nigernahen Dünenrücken. Je höher das Maximum und je schmaler die Basis, desto mobiler ist der Sand. Am beweglichsten sind also die jungen, hellen Dünen der jüngsten Generation (im Umkreis von Tombouctou). Viele Dünenkammsande aus anderen Wüsten zeigen vergleichbar hohe Maxima (Algerien: Besler 1984, Arabien: Besler 1982, Namibia: Besler 1980). Entsprechend ähnlich sind die Korngrößenparameter. Die Mobilität scheint entlang des Nigers nach Osten abzunehmen. Das niedrigste Maximum hat jedoch die Probe 51 von einem N-S-verlaufenden Rücken bei Tombouctou. Dies scheint Ausdruck der Transversallage zu den vorherrschenden Winden zu sein. Während bei Längsdünen eine rückenparallele Umlagerung der Sande erfolgt, die dabei sortiert, aber nicht separiert werden, sammelt sich der transportierte Sand bei Rücken quer zum Wind im Lee. Entsprechend steiler ist das Kurvenmaximum des betreffenden Leesandes (Probe 52). Praktisch identisch sind die weitentfernten Sande 54 (östlich Tombouctou) und 57 (westlich Bamba). Beide Züge lagen direkt am Rand von Überflutungsbereichen. Ein Lagevergleich der beprobten Altdünen am Niger ergibt tatsächlich eine gewisse Parallelität zwischen Mobilität und Nähe zum periodischen Überflutungsbereich:

   Probe 51: 9 km   Probe 54:⎫
   Probe 58: 2 km   Probe 57:⎭ <1 km
   Probe 56: 1 km

Von der Höhe ihrer Maxima her sind diese Kurven nahezu identisch mit einer Reihe von Dünensanden und Sandsteinen aus der Namib, bei denen nachgewiesen werden konnte, daß es sich um wechselweise äolisch und fluvial umgelagertes Material handelt (Besler 1980). Hieraus könnte man schließen, daß das Ausgangsmaterial der Ogolien-Dünen vom Niger beeinflußt ist.

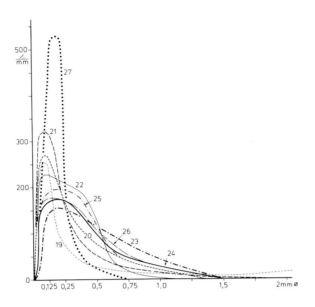

Fig. 8: Korngrößen-Häufigkeitsverteilungen der Proben aus Nord-Mali: vom Tilemsi-Tal bis Anéchag

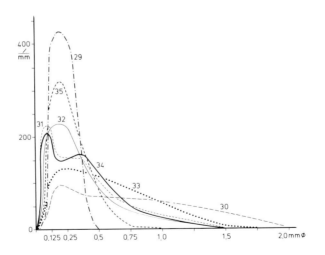

Fig. 9: Korngrößen-Häufigkeitsverteilungen der Proben aus Nord-Mali: von Anéchag bis Douaya

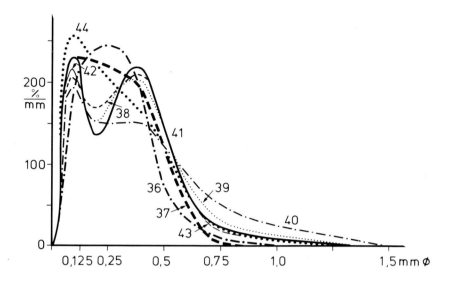

Fig. 10: Korngrößen-Häufigkeitsverteilungen der Proben aus Nord-Mali: die Altdünen bei Douaya

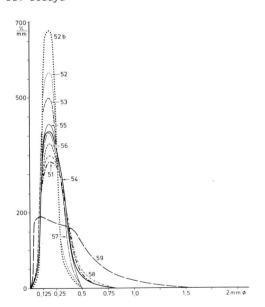

Fig. 11: Korngrößen-Häufigkeitsverteilungen der Proben aus Nord-Mali: von Tombouctou bis Bourem nördlich des Nigers

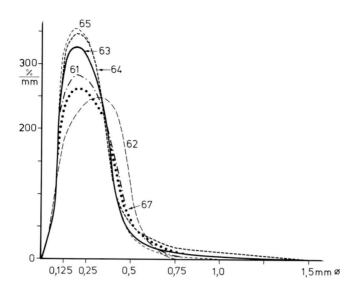

Fig. 12: Korngrößen-Häufigkeitsverteilungen der Proben aus Nord-Mali: vom unteren Tilemsi-Tal bis Gargouna

2. Gruppe: breiteres, niedrigeres Maximum in der Fraktion 0,125 - 0,25 mm

Hierzu gehören die Kurven der Proben 32, 35 und 36 sowie 61, 63, 64, 65, 67. Die Mehrzahl der Proben stammt von den fahlroten Prä-Ogolien-Dünen (nach Beaudet et al. 1981) im Tilemsi-Tal und südwestlich Gao. Die höchsten Maxima überschneiden sich mit den niedrigsten der nigernahen Dünenrücken, so daß sich ein nahtloser Übergang zu geringerer Mobilität ergibt. Die Häufigkeitsverteilungen zeigen große Ähnlichkeit mit einer bestimmten Gruppe von Namibsanden, die alle als äolisch überarbeitete Schwemmfächersande charakterisiert werden konnten (Besler 1980). Aus Ägypten liegen sogar vergleichbare Kurven von Yardangproben aus Seesedimenten vor. Zur zweiten Gruppe gehören aber auch die Tennensande 32 und 35 und der Dünenrückensand 36 aus dem Azaouad. Der Granulometrie zufolge könnte es sich also bei den Altdünen von Douaya auch um Prä-Ogolien-Dünen handeln. Die geringere Rötung könnte durch die nördlichere Lage mit geringerer Bodenbildung erklärt werden. Andererseits sind die Farbunterschiede nicht so groß, wenn man die Lockersandbedeckung abzieht. Auch im Tilemsi-Tal werden die Altdünen nach N heller. Diese Frage muß morphoskopisch geklärt werden.

3. Gruppe: breites, asymmetrisch nach rechts abfallendes Maximum in den
Fraktionen 0,063 - 0,5 mm

Hierzu gehören die Kurven der Proben 22, 23, 24, 25 und 26 sowie 37, 44 und 59. Die ersten fünf Proben stammen vom Sandwall südlich des Timetrine-Berglandes und sind auch in Korngrößenparametern sehr ähnlich. Der geschichtete Sand aus 1 m Tiefe (Probe 25) ist deutlich weniger asymmetrisch gekörnt, die Akkumulation scheint jedoch von Ausblasung begleitet worden zu sein (gekapptes Maximum). Zwei weitere Proben stammen von der untersuchten Altdüne nördlich Tombouctou, und zwar aus einer deflatierten Mulde (37) und aus dem Inneren (44), gehören also nicht zu den übrigen Lockersanden. Ein Vergleich der Kurven 25 und 44 (beide Sande aus 1 m Tiefe) zeigt den wahrscheinlich pedogenetisch bedingten höheren Feinanteil bei 44. Probe 59 schließlich stammt von der Luvbasis der Ogolien-Düne östlich Temera. Hier war der Altdünenkörper angeschnitten. Es sieht so aus, als ob bei den Azaouad-Dünenrücken nur der Basisteil der Ogolien-Dünen erhalten ist. Die Gruppe wird daher als Dünensockelsande zusammengefaßt. Dies läßt sich aber auch so deuten, daß die nigernahen Ogolien-Dünen im Gegensatz zu den Azaouad-Dünen mehrfach Reaktivierungsphasen durchgemacht haben.

4. Gruppe: ausgeprägtes Maximum in der Fraktion 0,063 - 0,125 mm mit breiter
Grobkornschleppe

Hierzu gehören die Kurven der Proben 19, 20 und 21. In diesem Fall liegen sehr unterschiedliche Materialien räumlich dicht benachbart: Sandstein, Tennensand und Megarippelmaterial im NE des Untersuchungsgebietes. Das Material der Sandschwemmebenen könnte direkt aus dem zerfallenen Sandstein des Continental Terminal stammen, mit leichter Ausblasung und relativer Grobkornanreicherung. Bezeichnenderweise hat die Kurve Nr. 20 große Ähnlichkeit mit B 20 (Besler 1984) aus der Tanezrouft, dessen Material als eluvial gedeutet wurde. Die Tennensande sind jedoch kein Residuum, sondern werden aktuell umgelagert (vgl. Briem 1977).

5. Gruppe: auffallende Bimodalität mit Hauptmaximum in der Fraktion 0,063 - 0,125 mm und Nebenmaximum in der Fraktion 0,25 - 0,5 mm (oder Schulter)

Hierzu gehören die Kurven der Proben 31, 34, 38, 39, 40, 41, 42, 43, also fast alle Sande der Dünenrücken bei Douaya. Die auffallende Form der Häufigkeitsverteilung ist eine Folge äolischer Ausblasung mit Stabilisierung der Oberfläche, die nun vorwiegend als Transportfläche funktioniert. Solche Oberflächen sind besonders häufig auf unbeweglichen Sandschilden anzutreffen

(Besler 1986). Diese Gruppe kann daher als Deflationssande zusammengefaßt werden. Diese Dünenrücken sind also nahezu überall deflatiert (Rücken sowie Nord- und Südflanken). Ein Kurvenvergleich für Deflationssande aus Ägypten und Namibia zeigt, daß die Mali-Sande stärker ausgeblasen sind als die Namib-Sande, aber schwächer als die Sande der Libyschen Wüste. Dies entspricht den aktuellen Windverhältnissen. Auch Sandtennen können stellenweise ähnlich ausgeblasen sein, wie Probe 31 zeigt. Sie sind dann besonders fest und gut befahrbar.

Wenige Sande lassen sich nicht in die fünf Gruppen einbeziehen. Hierzu gehören die Proben 30 und 33. Ihre Kurven zeigen eher fluviale als äolische Verteilung. Hierzu gehört aber auch der nördliche Kümmerbarchan im Tilemsi-Tal (62), dessen grober Sand das Maximum als einziger in der Fraktion 0,25 - 0,5 mm hatte.

In den äolischen Formen des untersuchten Gebiets existieren also mindestens fünf granulometrisch verschiedene Sandtypen, die jeweils räumliche Schwerpunkte haben:

1. mobile Sande der nigernahen Dünenrücken (einschl. der Ogolien-Dünen),
2. Sande der Prä-Ogolien-Dünen im Tilemsi-Tal und unterhalb am Niger,
3. Sande der Dünensockel südlich des Berglandes von Timetrine,
4. Sande verschiedener Positionen im Bereich des Tilemsi-Westufers und
5. typische Deflationssande nördlich von Tombouctou.

Dieses Ergebnis weicht insofern vom üblichen Befund ab, als normalerweise Sande vergleichbarer Positionen - also zum Beispiel von Kämmen desselben Dünentyps - auch über größere Entfernungen sehr ähnlich sind. Lokale Unterschiede sind sonst generell größer als regionale (siehe auch Capot-Rey & Grémion 1964). Sandtennen sollten zum Beispiel bimodale Sande besitzen (Cooke & Warren 1973). Tatsächlich gleichen die Tennesande im Azaouad aber jeweils dem lokalen Sandstein (Probe 20 und 21) oder den benachbarten Dünensanden: bimodal bei 31 und 34, unimodal bei 35 und 36. Die regionalen Unterschiede in der Granulometrie bedürfen einer Erklärung. Entweder sind die Sande autochthon, oder die unterschiedlichen Korngrößenverteilungen spiegeln sukzessive Stadien von Fixierung oder Reaktivierung wider.

4.2.1.3 Das Reaktionsdiagramm: Sandprovinzen und Dünengenerationen

Granulometrische Verwandtschaften der Sandtypen wurden schon angesprochen, lassen sich jedoch besser anhand eines Reaktionsdiagramms darstellen (Fig. 13). Das Reaktionsdiagramm wurde aus einem Diagramm von Friedman (1961) zur Unterscheidung von Dünen- und Flußsanden weiterentwickelt und läßt sich in die Sektoren der äolisch stabilen und mobilen Sande und Residuen einteilen (Besler 1983). Die Parameter mittlere Korngröße und Sortierung werden in ein φ-Koordinatennetz eingetragen. Die Punktverteilung gibt Auskunft über die Reaktion der Sedimente auf die aktuellen Windverhältnisse.

Es ergibt sich eine längliche Punktwolke mit Schwerpunkt im stabilen Sektor. Am stabilen Ende der Punktwolke liegen Tennensand 20 und verfestigter Sand 24 von der Basis des Dünenrückens südlich des Timetrine-Berglandes. Dies sind gleichzeitig die nordöstlichsten Sande im Untersuchungsgebiet mit größter Nigerferne. Am mobilen Ende der Punktwolke (im stabilen Sektor) liegen Altdünensande vom Niger (56 und 57). Die Punktwolke endet vor der Mobilitätsgrenze.

Im mobilen Sektor liegen der aktuelle Flugsand (27), der inselhaft reaktivierte Dünensand (29) zwischen Anéchag und Eroug und die hellen Sande um Tombouctou. Eine ähnliche Verteilung fand Gläser (1984) bei Anwendung des Friedman-Diagramms auf Low-qoz-Dünen in Kordofan. - Fast alle Sande liegen jedoch relativ nahe an der Stabilitätsgrenze. Damit ergibt sich eine Abfolge mit zunehmender Mobilität von NE nach SW, also gegen feuchtere Gebiete. Dieses Phänomen muß statistisch überprüft werden.

Im Residualsektor liegen wenige Sande weit verstreut: Probe 30 im Megarippelbereich (vgl. Besler 1983) und der sehr lockere helle Sand 33 am Rande desselben. Die großen Tilemsi-Rippeln (19) liegen am rechten Rand; obwohl fluviale Ablagerungen, sind sie aufgrund starker Ausblasung doch äolische Residuen. Als echte Mikrodünen müßten sie im stabilen Sektor liegen.

Die längliche Punktwolke läßt sich bei Vergleich mit den Sandtypen des letzten Kapitels über die Mobilitätsgrenze hinweg in fünf Sandprovinzen gliedern. Am stabilen Ende liegen die Sande der Dünensockel und Tennen. Es folgen die Deflationssande und dann die Prä-Ogolien-Sande, die gegen die Mobilitätsgrenze in Ogolien-Sande übergehen, wovon Nr. 29 und 55 vollständig reaktiviert sind. Die restlichen Sande im Mobilitätssektor, zu denen der Übergang nach den Häufigkeitsverteilungen fließend war, gehören nach der Topographie nicht zu den Ogolien-Dünen, sondern zu jüngeren Bildungen.

Das Reaktionsdiagramm liefert wichtige Ergebnisse:

1. Die Reaktivierbarkeit der Altdünen nimmt von den Dünensockeln über die deflatierten Rücken, die Prä-Ogolien-Dünen und die Ogolien-Dünen zu.

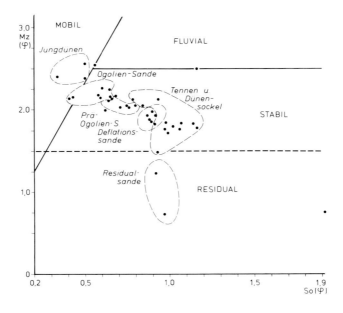

Fig. 13: Reaktionsdiagramm der Sedimente aus Nord-Mali

2. Berücksichtigt man die Möglichkeit wiederholter Reaktivierungen und Umlagerungen, so könnten in gleicher Reihenfolge die Jungdünen aus den Ogolien-Dünen, diese aus den Prä-Ogolien-Dünen, diese aus dem deflatierten Dünentyp nördlich von Tombouctou und dieser aus den Dünensockeln im Nordosten entstanden sein. Danach gäbe es fünf Dünengenerationen, die sich trotz viermal gleichbleibender Dünenrichtung aufgrund ihrer Granulometrie unterscheiden lassen.

3. Die Längsachse der Punktwolke verläuft in Richtung zunehmender Anzahl von äolischen Umlagerungen, was gleichzeitig einem Richtungstrend von NE nach SW entspricht.

4. In umgekehrter Reihenfolge lassen sich die für die Sandprovinzen spezifischen Häufigkeitsverteilungen der Korngrößen als zunehmende Degeneration (durch Ausblasung) deuten. Dies bedeutet bei Kurvenvergleich: Zuerst wird das Maximum im Bereich 0,125 - 0,25 mm reduziert (Jungdünen → Ogolien-Dünen → Prä-Ogolien-Dünen), dann entsteht durch weitere Ausblasung dieser Fraktion eine bimodale Kurve (→ Deflationsdünen), und schließlich wird auch die Fraktion 0,25 - 0,5 mm reduziert (→ Dünensockel: stärkere Winde?). Die Körner <0,125 mm können in Schutzlage erhalten bleiben, durch pedogenetische und

Verwitterungsprozesse angereichert (Pye & Sperling 1983) oder auch ausgeblasen werden. Bei noch stärkerer Ausblasung landet das Produkt schließlich im Residual-Sektor.

4.2.1.4 Statistische Korrelationen

Die NE-SW-Abfolge von Sandtypen verlangt quantitative Überprüfung auf statistische Signifikanz. Bestehen tatsächlich Korrelationen zwischen Entfernungen und Korngrößenparametern? Und wie sind diese zu deuten? Im allgemeinen geht man davon aus, daß in Transportrichtung die mittlere Korngröße ab- und die Sortierung zunimmt (Cooke & Warren 1973). Die Überprüfung nach Spearman ergab keine Korrelation zwischen NE-SW-Entfernung und Sortierung oder Korngrößen der Sande, auch nicht für einzelne Sandtypen. Das ist bei dem unterschiedlichen Milieu im Azaouad und am Niger nicht verwunderlich. Selbst innerhalb kleiner Ergs in Nord-Mali mißglückte dieser Versuch (Erg Ine-Sakane, Petit-Maire & Riser 1983).

Um so erstaunlicher ist das Ergebnis der Rang-Analyse nur für die Sande am Niger und im Tilemsi-Tal. Es besteht eine stark positive Korrelation zwischen Entfernung von Tombouctou und der mittleren Korngröße (r_s = +0,77) auf dem Signifikanz-Niveau 0,01. Auch zwischen dieser Entfernung und der Sortierung besteht deutliche positive Korrelation (r_s = +0,65) auf demselben Signifikanz-Niveau. Die Sande werden also nach Westen kontinuierlich feinkörniger und besser sortiert. Nach den Häufigkeitskurven können dies aber auch an der nach Westen zunehmenden Homogenität des Materials liegen, d. h., der Sand wird nicht nach Westen transportiert, sondern nach Westen nimmt die Reaktivierung zu.

In den Häufigkeitsverteilungen schien sich auch die Nähe zum Überflutungsbereich des Niger widerzuspiegeln. Auch dies muß statistisch überprüft werden. Wird nur die Entfernung zum heutigen Nigerlauf berücksichtigt (unabhängig von der Richtung), so ergibt sich bei Einbeziehung aller Sande (Fest- und Lockermaterial) eine deutliche positive Korrelation der Entfernung mit der mittleren Korngröße (r_s = +0,53) und eine noch bessere positive Korrelation mit der Sortierung der Sande (r_s = +0,59), beide auf dem Signifikanz-Niveau 0,01. Mit Annäherung an den Niger werden die Sande also feinkörniger und besser sortiert, am Niger selbst flußauf. Dies unterstreicht die Rolle, die der Niger als Sandlieferant wahrscheinlich schon für die frühen Dünengenerationen spielte. Eine morphoskopische Überprüfung dieser Fragestellung erscheint wichtig.

4.2.2 Morphoskopie

Für die Untersuchung von Kornform und Oberflächentracht wurden die Hauptfraktionen der Sande verwendet (0,125 - 0,25 mm), da diese aktuell den stärksten Veränderungen unterworfen sind und andere Fraktionen in der Regel nur systematische Abweichungen zeigen. Die in Salzsäure gewaschenen Körner wurden unter dem Stereomikroskop bei Schräglicht auf schwarzer Platte je nach Beschaffenheit ausgezählt und in vier Kornklassen eingeteilt: glänzend-gerundet, mattiert-gerundet, glänzend-kantig und mattiert-kantig.

4.2.2.1 Sandklassen

Zur Übersicht und Bestandsaufnahme wurden die Proben zunächst nach der überwiegenden Kornklasse qualitativ eingeteilt. Dies ist eine Entscheidungshilfe für die quantitative Klassifizierung und mögliche Ergebnisse. Zum Beispiel zeigte sich sofort, daß im gesamten Raum praktisch nur zwei Sandklassen vertreten sind: glänzend-gerundete und mattiert-gerundete Sande. Mattiert-kantige Sande treten danach überhaupt nicht auf, glänzend-kantige liegen nur im Sandstein des Continental Terminal vor und auch dort nur zu 50 % neben glänzend-gerundeten. Obwohl die Zerkleinerung im Backenbrecher erfolgte, zeigte die Morphoskopie, daß nicht etwa frische Brüche diese Ausnahme verursachen, da die Quarzkörner noch allseitig die roten Staubbeläge des Sedimentverbandes aufwiesen. Falls der Sandstein das Ausgangsmaterial für die Sandtennen geliefert hat (nach der Granulometrie im Osten möglich), so muß nach dem Zerfall noch Zurundung stattgefunden haben. Dies kann durch Wassertransport (vgl. Kapitel Großer Östlicher Erg), durch pedogenetische Prozesse (Crook 1968) und/oder chemische Verwitterungsprozesse (Margolis & Krinsley 1971) geschehen sein. Die Mattierung ist im Untersuchungsgebiet in den meisten Fällen chemisch bedingt. Anzeichen für chemische Korrosion sind knubbelige Oberflächen durch Bildung kleiner Näpfchen und irisierende Oberflächen (Tricart 1958). Anzeichen für pedogenetische Mattierung sind knötchenartige Abscheidungen, die blumenkohlartige Oberflächen liefern (Le Ribault 1975). Die äolische Mattierung dagegen liefert eine "Orangenhaut".

Es zeigte sich außerdem, daß die beiden Kornklassen räumliche Schwerpunkte besitzen: Die mattiert-gerundeten Sande beherrschen das Azaouad und das Vallée du Tilemsi, die glänzend-gerundeten Sande (in geringer Zahl vertreten) die Niger-Umgebung. Dies läßt häufigere fluviale Umlagerung der Nigerdünensande vermuten. Die Mattierung der Jungdünensande im Tilemsi-Tal (61, 62) ist deutlich äolischer Natur und nimmt in Transportrichtung nach Süden zu. Insgesamt sind die Sande im Untersuchungsgebiet relativ einheitlich. Der Überblick zeigt, daß nur eine quantitative Untersuchung von Mattierung und Zurundung weitere Differenzierungen zur Genese liefern kann.

4.2.2.2 Die Kornmattierung

Werden alle erhaltenen Prozentwerte der Mattierung in den Proben als Häufigkeitsverteilung dargestellt, so ergibt sich eine dreigipfelige Kurve mit Maxima zwischen 30 - 50 %, 50 - 70 % und 70 - 90 %. Dabei wird nicht zwischen gerundeten und kantigen Körnern unterschieden. Fig. 14 zeigt die räumliche Verteilung der unterschiedlich mattierten Sande.

Die meisten Sande gehören zur mittleren Gruppe mit 50- bis 70%iger Mattierung. Der regionale Schwerpunkt liegt im Azaouad nördlich von Tombouctou, wo die Deflationssande von Douaya sehr einheitlich sind. Diese chemische Mattierung ist am stärksten beim Sand aus dem Inneren der Düne - mit 70 - 90 % die Ausnahme - und hat bei allen Lockersanden abgenommen. Hier muß mit fluvialen Umlagerungen gerechnet werden. Im Dünental wurden limnische Sedimente ergraben (Vogg 1986).

Die wenig mattierten Sande (30 - 50 %) bilden die zweitgrößte Gruppe mit regionalem Schwerpunkt am Niger. Dies spricht für häufigere oder rezentere Umlagerungen, wobei die Qualität der Mattierung (äolisch oder chemisch) keine Rolle spielt.

Die kleine Gruppe der stark mattierten Sande hat zwei regionale Schwerpunkte: in den Dünensockeln südlich Timetrine und in den Prä-Ogolien-Dünen im Südwesten. Auch hierbei handelt es sich um chemische Mattierung. Bezeichnenderweise ist der lockere Oberflächensand (65) im Tilemsi-Tal analog zu den Dünen nördlich von Tombouctou weniger mattiert. An dieser Stelle konnte die Wassereinwirkung auch durch Erosionsrinnen belegt werden. Auch südlich Timetrine sind nur die verfestigten Sande stärker mattiert.

Überhaupt handelt es sich - mit einer einzigen Ausnahme - bei allen stark mattierten Sanden um verfestigte Sande, auch bei dem Tiefensand (32) aus der Tenne westlich von Eroug, wo Mattierung durch pedogenetische Prozesse vorliegt. Die Ausnahme mit überwiegend äolischer starker Mattierung stellt der

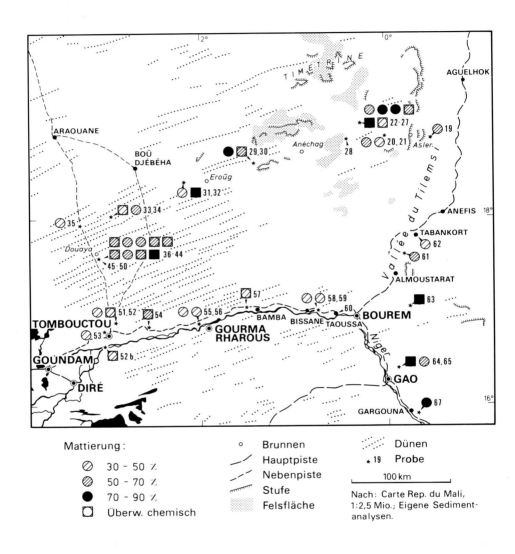

Fig. 14: Der Anteil mattierter Quarzkörner in der Hauptfraktion

Kammsand 29 der reaktivierten Düne östlich von Eroug dar. Die chemische Mattierung der Sande verhält sich also etwa konträr zur Anzahl von Reaktivierungen (vgl. Reaktionsdiagramm). Sie ist etwa gleich stark in den Dünensockelsanden südlich Timetrine, in dem in der Granulometrie vergleichbaren Sockelsand aus der Tiefe unter Deflationssanden nördlich von Tombouctou und in den Prä-Ogolien-Sanden. Sie nimmt ab in den Deflationssanden und in den reaktivierten Sanden der anderen Sandprovinzen. Sie ist am geringsten in den nigernahen Ogolien-Sanden. In den hellen Sanden der Jungdünen bei Tombouctou liegt dann überwiegend äolische Mattierung vor.

4.2.2.3 Die Kornrundung

Ob stets dieselben Sande umgelagert worden sind, oder ob Zufuhr von Fremdmaterial stattgefunden hat, kann eventuell die quantitative Analyse der Kornrundung klären helfen. Die Häufigkeitsverteilung aller Prozentsätze gerundeter Körner ergibt eine Gaußsche Normalverteilung mit Maximum bei 82 %, die sich aber in Unter-Maxima zerlegen läßt mit zwei niedrigeren bei 72 und 87 %. Es liegen also Häufungen der Rundungswerte um 70, 80 und 90 % vor. Fig. 15 zeigt die räumliche Verteilung dieses Befundes.

Die Zurundung der Sande nimmt deutlich von ENE (südlich Timetrine) nach WSW (Douaya) zu. Die statistische Überprüfung nach Spearman ergab eine starke positive Korrelation zwischen Zurundung der Körner und Transport nach WSW (r_s = +0,85) auf dem Signifikanz-Niveau 0,01. Ursache könnte äolischer oder Wassertransport sein. Die erste Möglichkeit kann der Granulometrie zufolge ausgeschlossen werden.

Weniger gerundete Sande (um 70 %) liegen vorwiegend in den Tennen und Dünensockeln des NE, die recht einheitlich sind. Die Rundungsanteile im lokalen Sandstein sind noch geringer, so daß er auch in dieser Hinsicht die Quelle sein könnte. Weniger gerundet sind auch die jungen Dünensande im Tilemsi-Tal. Stärker zugerundete Sande (um 80 %) haben ihre Hauptverbreitung am Niger, kommen aber auch im Azaouad vor. Die statistische Überprüfung, ob vielleicht - analog zur Granulometrie - eine Abfolge entlang des Nigers besteht, ergab keine Korrelation. Am besten gerundet (ca. 90 %) sind die sehr einheitlichen Sande von Douaya und die Prä-Ogolien-Sande im SW.

Als Fazit bleibt festzuhalten:

1. Die Kornrundung in den Sanden hängt nicht mit äolischem Transport zusammen, da keine Korrelation mit der Granulometrie bestehen.

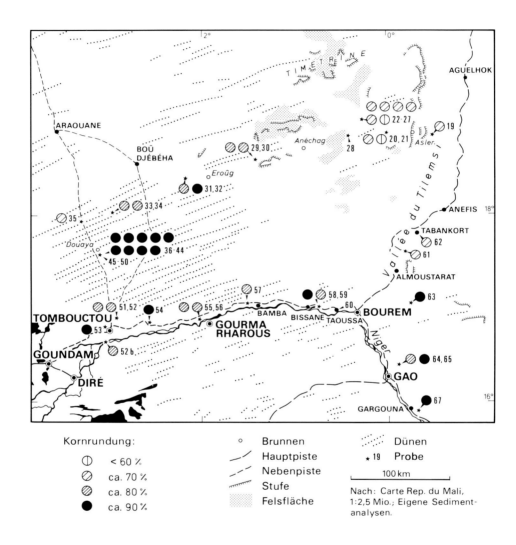

Fig. 15: Der Anteil gerundeter Quarzkörner in der Hauptfraktion

2. Im Azaouad nimmt der Einfluß des Wassers nach SW zu. Dies muß nicht fluvialen Transport nach Westen bedeuten, sondern kann auch durch nach Süden zunehmende aquatische Umlagerung der Sande erklärt werden.

3. Die granulometrischen Sandprovinzen unterscheiden sich auch in der Zurundung. Am wenigsten gerundet sind die Tennen- und Dünensockelsande südlich Timetrine. Es folgen die nigernahen Ogolien-Sande und die Jungdünensande bei Tombouctou. Am besten gerundet sind die Deflationssande nördlich Tombouctou und die Prä-Ogolien-Sande im Südwesten. Eine Reihenfolge entsprechend den Dünengenerationen läßt sich jedoch nicht herstellen. Lokale Einflüsse dominieren, was besonders bei den sehr alten Dünensockelsanden südlich Timetrine und den sehr jungen Barchansanden im Tilemsi-Tal deutlich wird. Der höhere Anteil schlecht gerundeter Körper am Niger könnte auch durch fluviale Aufbereitung aus Krusten und Kieseln entstehen. So berichten Beaudet et al. (1981), daß bei Gao kantiger Grobsand aus Quarzkieseln durch Krustensprengung geliefert wird.

4.2.2.4 Die Patinierung

Dünengenerationen im Sahel werden häufig aufgrund ihrer Farbe unterschieden. So sprechen Beaudet et al. (1981) von den 'dunes rosées' und 'dunes fauves'. Nach McKee et al. (1977) sind im Nigerbinnendelta Rot-Töne mit Dünentypen gekoppelt. Daher wurde auch die Patinierung der Quarzkörner als Ursache dieser Farbunterschiede in die morphoskopische Analyse einbezogen. Ungewaschene Körner der Hauptfraktion wurden ausgezählt und in die drei Klassen unpatiniert, wenig patiniert und dick patiniert eingeteilt. Es überwiegen fast überall wenig patinierte Körner, die mit einer ganz dünnen Eisenoxidhaut überzogen sind und blaßgelblich wirken. Spuren von Patina als kräftige Flecken in Nischen, wie sie in der Namib weit verbreitet sind (Besler 1980), sind sehr selten. Nur in den Prä-Ogolien-Dünen im Südwesten überwiegt die dicke Patina. Hier sind häufig 100 % der Körner stark patiniert. Dies gilt auch für das Innere der Dünenrücken nördlich Tombouctou (44) und den Sandstein des Continental Terminal (21), wobei letzterer keine glatten Oxidhäute, sondern eher dicke rote Tonbeläge aufweist. Die Abnutzung dieser Patina bei Reaktivierung verfestigter Dünensande wird besonders deutlich nördlich Gao, wo der Lockersand nur noch zu 50 % dicke Patina neben 50 % dünner Patina besitzt.

Um die weitaus größte Gruppe der überwiegend wenig patinierten Sande weiter differenzieren zu können, wurden alle Sande auf ihren Anteil an dick patinierten Körnern untersucht. Die Häufigkeitsverteilung der Prozentsätze ergab Maxima bei 0 % und 100 %. Da das Maximum bei 0 % ein Nebenmaximum bei 11 % aufwies, wurden die folgenden vier Gruppen gebildet: 0 - 3 %, 3 - 30 %, 30 - 80 % und 100 %. Das räumliche Verteilungsmuster zeigt Fig. 16. Die Mehrzahl der Sande zeigt dicke Patinierung von 3 - 30 %. Die sehr wenig patinierten Sande haben zwei räumliche Schwerpunkte: im Nordosten und um Tombouctou im Südwesten. Im Südwesten handelt es sich um Jungdünensande, im Nordosten aber um alte Dünensockelsande, allerdings ohne Pedogenese. Die nigernahen Sande sind sehr uneinheitlich. Die Patinierung scheint nach Westen kontinuierlich abzunehmen. Statistische Überprüfung nach Spearman ergab starke positive Korrelation zwischen dicker Patina und Entfernung von Tombouctou (r_s = +0,84) auf dem Signifikanzniveau 0,01. Die Patinierung verhält sich also analog zur Granulometrie! Ein äolischer Westtransport innerhalb der Ogolien-Sande ist daher nicht mehr auszuschließen, im Gegensatz zum Azaouad.

Ein Vergleich mit Beaudet et al. (1981) zeigt: Die Sande der fahlroten Altdünen des Prä-Ogolien sind zu 100 % von dicker Patina überzogen. Die Sande der rosa Altdünen des Ogolien dagegen sind vor Bourem zu 30 - 40 %, vor Gourma-Rharous zu 20 - 30 % dick patiniert. Die Sande der jüngeren blaßgelben Dünen enthalten überhaupt keine dick patinierten Körner. Dazwischen lassen sich aufgrund der Patinierung jetzt die Nord-Süd-Dünen bei Tombouctou einordnen, die sonst granulometrisch und morphoskopisch mit den Ogolien-Sanden vergleichbar sind. Sie enthalten jedoch nur 5 % dick patinierte Körner und stehen damit zwischen den Ogolien-Sanden und der jüngsten Generation:

dunes fauves (100 %) → Lockersanddecke (50 %) → dunes rosées (20 - 40 %) → Lockersanddecke (10 %) → Nord-Süd-Dünen (5 %) → Lockersanddecke (0 %) → Jungdünen (0 %).

Vergleichbar mit den fahlroten Dünen ist das Innere der helleren Dünen nördlich Tombouctou, dessen Sande ebenfalls zu 100 % dick patiniert sind.

4.2.3 Ergebnisse der Sediment-Analyse

Im Untersuchungsgebiet in Mali lassen sich aufgrund granulometrischer und morphoskopischer Charakteristika sechs Sandprovinzen unterscheiden, denen sechs Dünengenerationen entsprechen. Zwischen den einzelnen Dünenphasen wurden die Sande durch Wasser umgelagert. Die Pedogenese in den Feuchtzeiten nahm räumlich nach Norden und zeitlich gegen die jüngeren Phasen ab und lieferte die Mattierung und Patinierung der Quarzkörner. Von der ältesten Generation

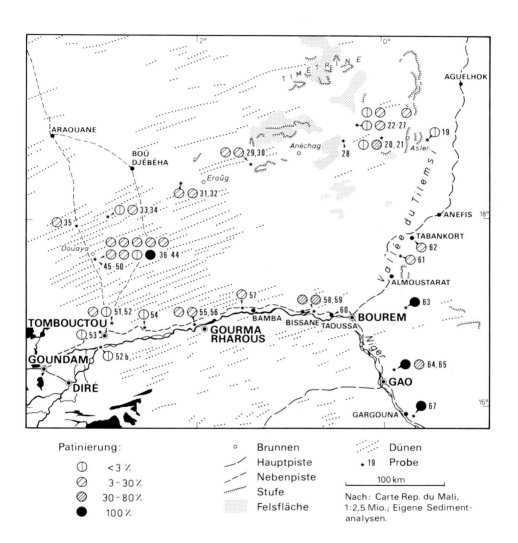

Fig. 16: Der Anteil dick patinierter Quarzkörner in der Hauptfraktion

sind die Dünensockel südlich des Timetrine-Berglandes als sehr flache Sandwälle erhalten. Vergleichbare Sande wurden bisher in keinem anderen Wüstengebiet gefunden. Zur zweiten Generation gehören die deutlichen Dünenrücken nördlich Tombouctou. Erst die dritte Generation wird durch die fahlroten Dünen im unteren Tilemsi-Tal repräsentiert. Zur vierten Generation gehören die rosa Ogolien-Dünen am Niger, deren Sande durch Materialzufuhr aus dem Niger heterogener sind. Bisher blieben die Dünenrichtungen annähernd gleich (ENE-WSW). Als fünfte Generation lassen sich die Nord-Süd-Rücken nördlich von Tombouctou aufgrund reduzierter Patinierung von den Ogolien-Sanden auch sedimentologisch abgrenzen. Die sechste Generation besteht aus den kleinen blaßgelben Dünen, die am Niger durch erneute Umlagerung älterer Sande gebildet werden, im unteren Tilemsi-Tal aber mit hohem Nichtquarz-Anteil neu aus den Wadi-Alluvionen.

Die Dünensande werden von Norden gegen den Niger zunehmend feinkörniger und besser sortiert. Dies wird jedoch nicht als aktueller äolischer Sandtransport gedeutet, weil die Morphoskopie Gegenargumente liefert. Vielmehr dokumentiert sich hierin ein genereller lange anhaltender äolischer Feinsandexport aus der südlichen Sahara, dem im Sahel durch Vegetation und Niger-Alluvionen aus Überflutungen entgegengewirkt wurde. Der höhere Feinkornanteil macht die Altdünen im Süden anfälliger für Reaktivierungen, woraus dann auch die bessere Sortierung resultiert. Am Niger selbst werden die Dünensande nach Westen feinkörniger und besser sortiert, wobei die Patinierung abnimmt. Dies spricht für Sandtransport durch östliche Winde. Allerdings wird auch die mit Annäherung an das Binnendelta des Niger zunehmende Feinkörnigkeit der fluvialen Sedimente eine Rolle spielen.

An dieser Stelle ist ein Vergleich mit Tricart & Macedo (1965) angebracht, deren Untersuchung des mittleren Nigerlaufs auch eine Sedimentanalyse enthält. Auch oberhalb von Tombouctou werden danach die jüngeren Dünensande zunehmend feinkörniger, weniger patiniert, glänzender und kantiger. Außerdem nimmt die Kornrundung gegen die Delta-Achse ab. Ein granulometrischer Vergleich wird dadurch erschwert, daß Tricart & Macedo nur Mediane und Quartile angeben. Der Versuch, die eigenen Proben nach Medianen zu klassifizieren, zeigt jedoch, daß starke Variationen auftreten. Während Tricart & Macedo für die roten Dünen (Ogolien) einen Median von 0,31 mm angeben, schwankt er im Untersuchungsgebiet von 0,18 mm bis 0,25 mm bei den Ogolien- und Prä-Ogolien-Dünen. Nur die noch älteren Dünen des Azaouad weisen Mediane um 0,3 mm auf. Gute Übereinstimmung herrscht andererseits zwischen den Jungdünen und den 'dunes vives (blanches)', die Mediane von 0,16 mm zeigen.

4.3 Die Dünenentwicklung am Übergang von Sahara zu Sahel

Als Synthese aus Geländebefund und Sediment-Analyse soll abschließend versucht werden, die Entwicklung der Dünenlandschaft nachzuvollziehen. Die Sandsteine des Continental Terminal könnten das Ausgangsmaterial für fast alle Dünenbildungen geliefert haben (4.2.1.2, 4.2.2.1, 4.2.2.3). Von den ältesten Dünen sind südlich des Berglandes von Timetrine nur noch ganz flache Sockel erhalten; sie liegen jedoch auch unter jüngeren Dünen nördlich von Tombouctou und am Niger (4.1.1, 4.2.1.2). Die ältesten Dünen müssen von sehr starken östlichen Winden bei gleichzeitigem Feinkornexport gebildet worden sein (4.2.1.2, 4.2.1.3). Dabei wurde im wesentlichen autochthones Material akkumuliert, das in Berglandnähe weniger gerundete Körner enthielt als im unreliefierten Schwemmlandbereich (nördlich Tombouctou, 4.2.2.3). Hier waren dafür chemische Verwitterung und Bodenbildungsprozesse intensiver (zum Beispiel 100 % Patinierung, 4.2.2.2, 4.2.2.4). Erst in einer zweiten Dünenbildungsphase nach fluvialer Sandumlagerung enstanden - zum Teil auf vorhandenen Dünenresten - die 'dunes fauves' des Prä-Ogolien (4.2.1.1). Sie sind besonders im unteren Tilemsi-Tal und unterhalb am Niger gut erhalten (4.1.2, 4.1.3). Ihnen entsprechen die oberen Schichten der Dünen nördlich von Tombouctou, die jedoch weniger verwittert sind (4.2.2.2, 4.2.2.4). Im Nigerdelta scheinen ihnen die 'dunes rouges' zu entsprechen (4.2.3). Südlich des Berglandes von Timetrine ist diese Phase nicht mehr nachzuweisen. In der anschließenden Feuchtzeit wurden diese Dünen besonders im Tilemsi-Tal von Wasser überformt: teils von Alluvionen überdeckt, teils von Abflußrinnen erodiert (4.1.3). Mattierung und Patina der Quarzkörner wurden dabei stark zerstört, dennoch wurden die Sande nie weit transportiert (4.2.2.4). Zwischen Araouane und Tombouctou sind diese Dünen nachträglich an der Oberfläche stark deflatiert und dadurch stabilisiert worden (4.2.1.2). Die dafür verantwortlichen Winde sind zum Beispiel schwächer als in der Libyschen Wüste Ägyptens, aber stärker als im Namib Erg (gewesen). Danach entstanden die 'dunes rosées' des Ogolien als dritte Generation. Sie liegen entlang des Nigers zum Teil auf älteren Sockeln und existieren auch - wo noch genügend Feinsand vorhanden war - im Azaouad (4.1.2). Ihre Sande unterscheiden sich granulometrisch und morphoskopisch deutlich von den älteren; sie sind feinkörniger (4.2.1.4) und glänzender (4.2.2.2), besser sortiert (mäßig gut, 4.2.1.1, 4.2.1.4) und weniger patiniert (4.2.2.4). Die Winde waren also schwächer als in den vorangegangenen Dünenbildungsphasen, und die anschließende Überformung und Verwitterung (auch Pedogenese) war geringer als in den vorangegangenen Feuchtzeiten (4.2.2.4). Im Nigerdelta scheinen diesen Bildungen die 'dunes jaunes' zu entsprechen (4.2.3). Ähnlich wie hier die Sande gegen die Deltaachse jünger werden, so werden sie am Niger unterhalb von Tombouctou jünger gegen das Delta: feinkörniger und daher besser sortiert sowie weniger patiniert (4.2.1.2, 4.2.1.4, 4.2.2.4). Der Niger spielt(e) also bei Sandlieferung und -umlagerung eine bedeutende Rolle. Durch verstärkte Wasserumlagerung entstand direkt nördlich von Tombouctou - wahrscheinlich im Bereich von nordwärts ziehenden Nigerarmen - eine vierte Dünengeneration. Die Sande dieser Nord-Süd verlaufenden Dünen unterscheiden sich von den älteren weder granulometrisch noch morphoskopisch, aber deutlich durch geringere Patinierung (4.2.2.4). Nur diese und die Ogolien-Dünen werden heute äolisch reaktiviert. Dabei entstehen durch Vegetationszerstörung Deflationsmulden mit Residualrippeln und aktive Leehänge nach Süden oder Westen, wogegen die Leehänge der Altdünen nach Norden zeigen (4.1.2). Der Reaktivierungsprozeß verändert sedimentologisch als erstes die Sortierung (4.1.2). Bei längerer Kornauslese wird dann der Sand feinkörniger und zunehmend äolisch mattiert (4.1.1, 4.1.2). Die Patinierung ist am resistentesten und wird erst bei Wasserumlagerung zerstört.

Bei den rezenten Neubildungen lassen sich zwei Dünentypen unterscheiden, die aber beide von wechselnden Winden geformt werden. Am Niger ist diese jüngste Dünengeneration ähnlich gut sortiert wie die reaktivierten Teile der Altdünen, aber noch feinkörniger (4.2.1.1). Die Sande dieser kleinen, hellen Dünen unterscheiden sich von allen älteren vor allem durch das völlige Fehlen dick patinierter Körner, ein Anzeichen für erneut zwischengeschaltete Wasserumlagerung (4.2.2.4). Im Vallée du Tilemsi bestehen die kleinen barchanoiden Dünen aus den wenig umgelagerten autochthonen Alluvionen mit hohem Nichtquarz-Anteil (4.1.3).

Die eingangs gestellte Frage: "Wie vollzieht sich der Übergang von den aktiven Dünen der Sahara zu den fixierten Dünen des Sahel?" kann so gar nicht formuliert werden. Zieht man die Vegetationsgrenze zwischen "Steppe de transition" und "Steppe sahélienne" heran, die etwa bei 18° nördlicher Breite verläuft (Breite von Anefis), so liegen fast alle Jungdünen und reaktivierten Altdünen im Sahel, während die Sahara-Altdünen mit wenigen Ausnahmen fixiert sind. Ursache für die Stabilisierung ist entweder eine durchgehende Grobkörnigkeit (im Osten) oder eine oberflächliche starke Ausblasung (im Westen). Die Fixierung der feinkörnigeren Sahel-Altdünen dagegen erfolgte durch Vegetation, bei deren Zerstörung heute Reaktivierung erfolgt. Man kann daher nicht von einer aktuellen südlichen Dünengrenze sprechen (zum Beispiel der 150-mm-Isohyete). Die Verbreitung der aktiven Dünen ist ausschließlich eine Funktion der

Korngrößen und daher indirekt eine Folge von stärkeren Paläowinden und von Materiallieferung durch den Niger.

Literatur

Bagnold, R. A.: The physics of blown sand and desert dunes. - 6. ed., London 1984, 265 S.

Barth, H. K.: Accelerated erosion of fossil dunes in the Gourma region (Mali) as a manifestation of desertification. - Catena Suppl. 1, 1982, S. 211-219.

Barth, H.: Reisen und Entdeckungen in Nord- und Central-Afrika in den Jahren 1849-1855. Bd. 4 - Gotha 1858, 674 S.

Beaudet, G., Coque, R., Michel, P. & Rognon, P.: Y-a-t-il eu capture du Niger? - Bull. Assoc. Géogr. Français 445-446, 1977, S. 215-222.

Beaudet, G., Coque, R., Michel, P. & Rognon, P.: Reliefs cuirassés et évolution géomorphologique des régions orientales du Mali. - 1. La région du Tilemsi et la vallée du Niger de Taoussa à Gao. - Z. f. Geom. Suppl. 38, 1981, S. 38-62.

Bellair, P.: Diagramme minéralogique du Grand Erg Oriental d'El Oued à Ghadamès. - Compt.Rend. Soc. Géol. de France, No. 6, 1953, S. 99-101.

Besler, H.: Fluviale und äolische Formung zwischen Schott und Erg. - In: Geographische Untersuchungen am Nordrand der tunesischen Sahara, hrsg. v. W. Meckelein = Stuttgarter Geogr. Stud. 91, 1977, S. 19-81.

Besler, H.: Die Dünen-Namib: Entstehung und Dynamik eines Ergs. - Stuttgarter Geogr. Stud. 96, 1980, 241 S.

Besler, H.: The north-eastern Rub' al Khali within the borders of the United Arab Emirates. - Z. f. Geom. N.F. 26, 1982, S. 495-504.

Besler, H.: The response diagram: distinction between aeolian mobility and stability of sands and aeolian residuals by grain size parameters. - Z. f. Geom. N.F., Suppl. 45, 1983, S. 287-301.

Besler, H.: Verschiedene Typen von Reg, Dünen und kleinen Ergs in der algerischen Sahara. - Die Erde 115, 1984, S. 47-79.

Besler, H.: The Toshka-Canal dune: analysis of development and dynamics. - In: Aeolian geomorphology, ed. by W. G. Nickling, The Binghamton Symposia in Geomorphology, Intern. Ser. No. 17, Boston 1986, S. 113-130.

Besler, H.: Windschliffe und Windkanter in der westlichen Zentral-Sahara. - Palaeoecology of Africa, 1987(a) (im Druck).

Besler, H.: Dünenstudien am Nordrand des Großen Östlichen Erg in Tunesien. - In: Geographie in Stuttgart, hrsg. v. W. Meckelein & Ch. Borcherdt = Stuttgarter Geogr. Stud. 100, 1987(b) (im Druck).

Boulanger, J.: Le voyage de René Caillié à Tombouctou et à travers l'Afrique 1824-1828. - Paris 1932, 239 S.

Briem, E.: Beiträge zur Genese und Morphodynamik des ariden Formenschatzes unter besonderer Berücksichtigung des Problems der Flächenbildung (aufgezeigt am Beispiel der Sandschwemmebenen in der östlichen zentralen Sahara). - Berliner Geogr. Abh. 26, 1977, 89 S.

Brosset, D.: Essai sur les ergs du Sahara occidental. - Bull. de l'Inst. Franç. d'Afrique Noire, Bd. 1, 1939, S. 657-690.

Brown, R. A.: The flow in the Planetary Boundary Layer. - Developmts. in Sed. 38, 1983, S. 291-310.

Cailleux, A.: Morphoskopische Analyse der Geschiebe und Sandkörner und ihre Bedeutung für die Paläoklimatologie. - Geol. Rundsch. 40, 1952, S. 11-19.

Capot-Rey, R.: Remarques sur les ergs du Sahara. - Ann. de Géogr. 79, 1970, S. 2-19.

Capot-Rey, R., Cornet, A. & Blaudin de Thé, B.: Glossaire des principaux termes géographiques et hydrogéologiques sahariens. - Alger 1963, 82 S.

Capot-Rey, R. & Grémion, M.: Remarques sur quelques sables sahariennes. - Trav. de l'Inst. de Rech. Saharienne 23, 1964, S. 153-163.

Cooke, R. U. & Warren, A.: Geomorphology in deserts. - London 1973, 374 S.

Crook, K. A. W.: Weathering and roundness of quartz sand grains. - Sedimentology 11, 1968, S. 171-182.

Dubief, J.: Le vent et le déplacement du sable au Sahara. - Trav. de l'Inst. de Rech. Sahariennes, Alger, 8, 1952, S. 123-164.

Dubief, J.: Les vents de sable au Sahara français. - Coll. Intern. du Centre Nat. de la Rech. Scient. 35, Paris 1953, S. 45-70.

Folk, R. L. & Ward, W. C.: Brazos River Bar: a study on the significance of grain size parameters. - J. of Sedim. Petrol. 27, Tulsa/Oklah. 1957, S. 3-26.

Friedman, G. M.: Distinction between dune, beach, and river sands from their textural characteristics. - J. of Sedim. Petrol., Bd. 31, Tulsa/Oklah. 1961, S. 514-529.

Friedman, G. M.: On sorting, sorting coefficients, and the lognormality of the grain-size distribution of sandstones. - J. of Geol. 70, 1962, S. 737-753.

Fryberger, S. G. & Ahlbrandt, T. S.: Mechanisms for the formation of eolian sand seas. - Z. f. Geom. N.F. 23, 1979, S. 440-460.

Gautier, E. F.: Le Sahara. - Paris 1950, 231 S.

Gläser, B.: Morphogenetisch-morphodynamische Analyse des Altdünengürtels in der Provinz Weißer Nil, Republik Sudan. - Diplomarb. Hamburg 1984, 105 S.

Grove, A. T.: The Niger and its neighbours. - Rotterdam & Boston 1985, 331 S.

Hövermann, J.: Das System der klimatischen Geomorphologie auf landschaftskundlicher Grundlage. - Z. f. Geom. Suppl. 56, 1985, S. 143-153.

Ibbeken, H.: Jointed source rock and fluvial gravels controlled by Rosin's law: a grain-size study in Calabria, South Italy. - J. of Sedim. Petrol 53, 1983, S. 1213-1231.

Kocurek, G.: Origins of low-angle stratification in aeolian deposits. - In: Aeolian Geomorphology, ed. by W. G. Nickling, Binghamton Symp. in Geom., Intern. Ser. 17, 1986, S. 177-193.

Krinsley, D. H. & Smalley, I. J.: Sand: the study of quartz sand in sediments provides much information about ancient geological environments. - American Scientist 60, 1972, S. 286-291.

Le Ribault, L.: L'exoscopie. Méthode et applications. - Notes et Mém. 12, Paris 1975, S. 1-230.

Lindé, K. & Mycielska-Dowgiao, E.: Some experimentally produced micro-textures on grain surfaces of quartz sand. - Geogr. Annaler A 62, 1980, S. 171-184.

Mainguet, M. & Chemin, M. C.: Sand seas of the Sahara and Sahel: an explanation of their thickness and sand dune type by the sand budget principle. - Developmts. in Sed. 38, 1983, S. 353-364.

Mainguet, M., Chanon, L. & Chemin, M. C.: Le Sahara: géomorphologie et paléogéomorphologie éoliennes. - In: M. A. J. Williams und H. Faure: The Sahara and the Nile. Rotterdam 1980, S. 17-35.

Margolis, S. V. & Krinsley, D. H.: Submicroscopic frosting on eolian and subaqueous quartz sand grains. - Geol. Soc. of America, Bull. 82, 1971, S. 3395-3406.

McKee, E. D., Breed, C. S. & Fryberger, S. G.: Desert sand seas. - In: Skylab explores the earth. NASA SP-380, 1977, Kap. 2, S. 5-48.

Pachur, H. J.: Untersuchungen zur morphoskopischen Sandanalyse. - Berliner Geogr. Abh. 4, 1966, 35 S.

Petit-Maire, N. & Riser, J.: Sahara ou Sahel? Quaternaire récent du bassin de Taoudenni (Mali). - Paris 1983, 473 S.

Pye, K. & Sperling, C. H. B.: Experimental investigation of silt formation by static breakage processes: the effect of temperature, moisture and salt on quartz dune sand and granitic regolith. - Sedimentology 30, 1983, S. 49-62.

Rognon, P.: Le massif de l'Atakor et ses bordures (Sahara central). - Paris 1967, 559 S.

Tricart, J.: Méthode améliorée pour l'étude des sables. - Rev. de Géom. Dyn. 9, 1958, S. 43-54.

Tricart, J. & Guerra de Macedo, N.: Rapport de la mission de reconnaissance géomorphologique de la vallée moyenne du Niger. - Mém. de l'Inst. Français d'Afrique Noire 72, Dakar 1965, 200 S.

Vogg, R.: Relief und Böden der westlichen Zentral- und Südsahara (S-Algerien, NE-Mali). - In: Relief- und Bodenentwicklung an Beispielen aus Europa und Afrika, hrsg. v. O. Seufert & M. Schick = Darmstädter Geogr. Stud. 7, 1986, S. 7-43.

Voßmerbäumer, H.: Grain-size data of some aeolian sands: Inland dunes in Franconia (Southern Germany), Algeria, and Iran, a comparison. - Geol. Föreningens i Stockholm Förhandl. 96, 1974, S. 261-274.

Walger, E.: Zur Darstellung von Korngrößenverteilungen. - Geol. Rundsch. 54, 1965, S. 976-1002.

Wilson, I. G.: Desert sandflow basins and a model for the development of ergs. - Geogr. J. 137, 1971, S. 180-200.

Wilson, I. G.: Ergs. - Sedim. Geol. 10, 1973, S. 77-106.

Anschrift der Autorin: Prof. Dr. Helga Besler, Geographisches Institut der Universität Köln, Albert-Magnus-Platz, D-5000 Köln 41

Forschungen in Sahara und Sahel I, hrsg. von R. Vogg
Stuttgarter Geographische Studien, Bd. 106, 1987

DIE BÖDEN DES SAHARO-SAHELISCHEN NORDENS DER REPUBLIK MALI
von Reiner Vogg

Zusammenfassung: In den sub- und semiariden Geoökosystemen Nord-Malis ist die Verbreitung der Böden nicht durch die klimatischen Unterschiede der jeweiligen landschaftsökologischen Raumeinheit bedingt; demzufolge scheint es nicht gerechtfertigt zu sein, der spezifischen Verteilung der Böden klimazonalen Charakter beizumessen. Lediglich den Böden im ariden Ökosystem der Südsahara kommt zonale Bedeutung bei: Lithosole und Regosole (sols minéraux bruts climatique) sind die am häufigsten auftretenden Böden.

Das kleinräumig differenzierte Verbreitungsmuster der Böden (und der Vegetation) muß in seiner Entstehung in direkter Abhängigkeit von den Partialkomplexen des geologischen Untergrundes, des Reliefs sowie des Wasserhaushaltes gesehen werden.

Im Aufbau der Bodendecke Nord-Malis sind diverse diagnostische Merkmale als reliktisch einzustufen, die Aufschluß über paläoökologische Zusammenhänge (Pedoklima und Wasserhaushalt) rezenter, spezifischer Landschaftseinheiten geben können. Semiaride/semihumide Bodenfeuchteregime bewirkten während der letzten morphodynamischen Stabilitätsphase (5500-4000 BP) markante Differenzierungen des Solums verschiedener Böden.

Summary: The saharo-sahelian soils of northern Mali

Looking at the distribution of soils in the sub- or semiarid ecosystem of northern Mali climatic differences of the special geo-ecological spatial units cannot be considered as the dominating factor. So it's not justifiable to correlate the specific pattern of soiltypes with climatic zonality. Only soils of the arid ecosystem of the southern Sahara are of zonal character: Lithosols and Regosols are soiltypes to be found mostly in this special region.

The development pattern of soil distribution, also that of vegetation, differing in spatially small areas is a function of different geofactors like geological structure, geomorphological conditions and water balances of the soils.

The structure of the soil cover of northern Mali is characterized by some diagnostic and relictic properties giving information about the paleoenvironment of recent ecosystems (soil climate and water balance of the soil). During morphodynamic stable periods with xeric/ustic soil moisture regimes distinct soil forming processes have caused a vertical differentiation of the profiles.

Résumé: Les sols en domaine saharo-sahélien au Nord de la République du Mali

Les différences climatiques des unités écologiques ne conditionnent pas la répartition des sols en domaine saharo-sahélien au Nord de la Republique du Mali. Donc on peut en conclure seulement que la répartition des sols du Nord au Sud et vice-versa n'obéit pas à une zonalité climatique. Seulement en domaine aride du Sahara méridional la répartition des sols dépend directement du climat: les Lithosols et les Regosols sont les sols les plus répandus de régions telles que les plateaux, les pentes et des plaines de regs.

En domaine subaride et subdésertique il y a une interdépendance entre la répartition des sols (et même de la végétation) de plusiers géofacteurs comme la base géologique, le relief (la topographie) et le bilan hydrique.

En plus la couverture du sol est caractérisée par quelques propriétés diagnostiques anciennes; toutes les observations nous amènent à identifier les paléoenvironnements physiques des unités naturelles actuelles comme par example le pédoclimat ou la dynamique de l'eau.

Pendant des périodes de pédogénèse il y avait des régimes d'humidité du sol semiarides ou semihumides qui ont conditionné des différenciation pédologiques marquantes.

1. Einleitung

Die Naturlandschaft Nord-Malis wird wie das gesamte Land in hohem Maße vom Klima geprägt: Die Zunahme der Aridität von Süden nach Norden spiegelt sich in einer zonalen Anordnung verschiedener Großlandschaften wider, die sich thermisch-hygrisch stark voneinander unterscheiden (vgl. Fig. 1). Demzufolge gliedert sich der Norden Malis in drei große Landschaftszonen:

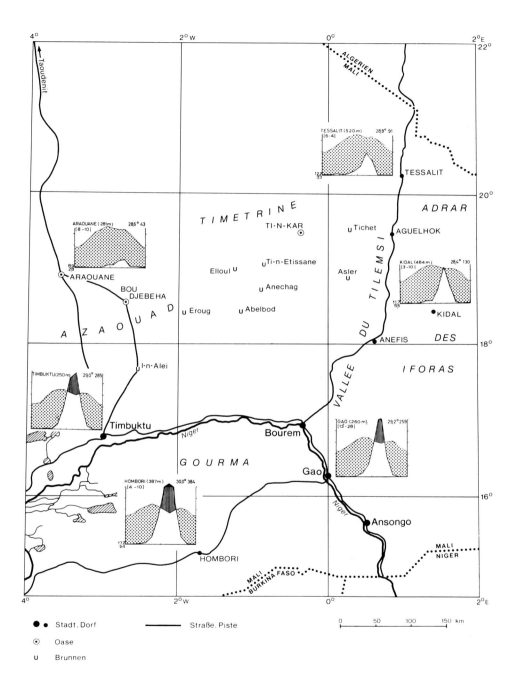

Fig. 1: Klimadiagramme nordsahelischer und südsaharischer Stationen Malis

Den Süden nimmt der nordsahelische Geokomplex der Dornbuschsavanne ein, im Norden liegen die arid geprägten südsaharischen Naturräume und dazwischen erstreckt sich der ausgedehnte semiaride Bereich der Wüstenrandgebiete (Halbwüsten).

Der thermisch-hygrische Unterschied, der auch durch die Klimadiagramme repräsentativer Stationen Nord-Malis dokumentiert wird (vgl. Fig. 1), zeigt sich zum einen darin, daß in den arid geprägten südsaharischen Geoökosystemen 11-12 Monate arid sind und Regen nur noch episodisch fallen sowie in ihrer Gesamtmenge die Höhe von etwa 50 mm/a erreichen (Araouane). Zum anderen zeigt sich, daß für den Landschaftshaushalt des nordsahelischen Geosystems neben den bedeutend höheren Niederschlagsmengen (> 250 mm/a) vor allem eine räumliche und zeitliche Unregelmäßigkeit der Regenfälle typisch ist. So können selbst während der eigentlich humiden Jahreszeit nach dem Niedergang eines heftigen Gewitterregens längere aride Phasen auftreten.

Niederschlagsstruktur und Aridität der jeweiligen landschaftsökologischen Raumeinheit wirken sich auch auf Wuchs und Verbreitung der Vegetation und demzufolge auf die Geokomponente Boden aus, so daß Barth (1986, S. 131) von "eindeutig klimaphytomorph geprägten Böden" Malis spricht. Dementsprechend sieht derselbe Autor auch in der Verbreitung der Böden Malis (neben der Vegetation und dem Klima) eine Dokumentation des Zonalitätsprinzips und teilt deshalb in Anlehnung an das französische morphogenetische Klassifikationssystem die Böden der jeweiligen Naturräume entsprechend der Tabelle 1.

Wenn auch dem Klima für die Ausstattung der Naturräume Nord-Malis überragende Bedeutung zukommen mag, so dürfen die anderen Partialkomplexe (Vegetation, Boden, Relief, Wasserhaushalt) in ihrem Zusammenwirken für Struktur, Funktion und Relation der entsprechenden Geoökosysteme nicht unterbewertet werden. So muß zum Beispiel den Geokomponenten Boden und Relief (Morphodynamik) für Verbreitung und Bedeckungsgrad der Vegetation in hohem Maße Rechnung getragen werden. Zwar mögen die Landschaftstypen N-Malis nach außen hin homogen erscheinen, in Struktur und Relation sind diese Geoökosysteme jedoch äußerst stark differenziert und kleinräumlich dimensioniert (vgl. Barth 1977).

Ziel dieses Beitrages soll es deshalb sein, an ausgewählten repräsentativen Standorten der verschiedenen Landschaftsökosysteme erstens die Rolle des Bodens als Partialkomplex für die Funktion und Struktur des jeweiligen Geosystems aufzuzeigen. Zweitens sollen anhand typischer Böden und Bodensedimente Entstehung und Aufbau der Bodendecke der jeweiligen Naturräume - vor allem unter Berücksichtigung des Einflusses von Georelief und Untergrund - analysiert werden. Drittens sollen aus den pedo-ökologischen Merkmalen

Tab. 1: Die Böden N-Malis (Auszug aus Barth 1977)

Bodenklasse	Genetisches Merkmal	Bodengruppe	Bodentyp
ROHBODEN (A)-C-Profil	klima-zonal	Lithosole	Wüstenboden auf aol. Sanden
			Wüstenboden auf Ablationsfl. üb. Fels-Substrat
	azonal-erosiv		auf versch. Felssubstraten
			über Laterit-Krusten
GERING ENT-WICKELTE BODEN A-C-Profil	klima-zonal	Halbwüstenb.	auf äol. Sand
	azonal-erosiv	Halbwüstenb.	auf reg-art. Geröll, laterit. Krusten, relief. Fels
TROPISCHE BRAUNERDEN A-B-C-Profil	klima-zonal	subarid. Braunerden	auf tonigen Sanden
		subarid. braunrote Böden	wenig diff. Fazies auf äol. Sanden

Rückschlüsse auf rezente oder vorzeitliche geoökomorphodynamische Prozesse gezogen werden.

2. Die Böden im subariden Geoökosystem der Dornbuschsavanne (Nord-Sahel)

Die Dornbuschsavanne nordwestlich Ansongo und südwestlich Taborar zeichnet sich zum einen durch den ausgeprägten Flächencharakter, zum anderen durch den relativ weitständigen Wuchs charakteristischer sahelischer Dornbuschgewächse als typischer Naturraum des nördlichen Sahel aus (vgl. Foto 1). Die Strukturierung der Oberfläche gibt Aufschluß über die rezente Morphodynamik dieses Flächensystems: Völlig vegetationsfreie Bereiche sowie bewachsene und vegetationslose Sandinseln wechseln untereinander ab, so daß sich die Oberflächenstruktur aus einem Mosaik von Denudations- und Akkumulationsbereichen zusammensetzt. Die sandfreien und vegetationslosen, denudativ geprägten Flächenbereiche werden immer wieder von 1 - 2 m hohen Termitenbauten überragt, die damit als landschaftsprägendes Element das Gesamtbild der Dornbuschsavanne abrunden, zumal die hier zu erwartenden anspruchslosen einjährigen Gräser der Gattung Aristida zum Zeitpunkt der Standortaufnahme bereits vertrocknet waren. Lediglich vertrocknetes Panicum turgidum war noch auf einigen Sandinseln anzutreffen, ansonsten waren diese mit den typischen Bäumen, Sträuchern und Halbsträuchern des Sahels (Maerua crassifolia, Acacia raddiana, Balanites aegyptiaca, Salvadora persica, Boscia senegalensis, Leptadenia pyrotechnica, Calotropis procera, Aerva javanica) bewachsen (vgl. Fig. 2).

Foto 1: Dornbuschsavanne des nördlichen Sahel, 35 km NW Ansongo

Die Böden des Sahels entsprechen nach Maignien (1955, 1959) den subariden tropischen Böden, die nach der Klassifikation des ORSTOM (Aubert 1965) eine Gruppe der "sols isohumiques" darstellen und in Analogie zu Maignien in weitere Untergruppen (u. a. sols bruns subarides und sols brun-rouges subarides) unterteilt werden. Nach Maignien (1955) können sich diese braun-

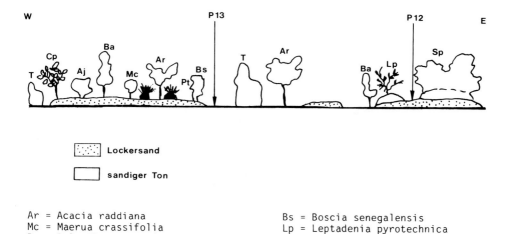

Fig. 2: Typischer Vegetationsbestand nordsahelischer Dornbuschsavanne

roten subariden Böden in warm-arid tropischen Regionen mit Niederschlägen zwischen 350 - 550 mm/a bilden, während sich die eigentlichen subariden braunen Böden in wesentlich arideren Regionen mit 250-350 mm/a entwickeln und dabei als "trockenere Variante" dieser zonalen Bodengruppe gesehen werden können.

Barth (1977, 1986) legt diese Einteilung der sahelischen Böden zwar seinem Konzept der Bodenverbreitung in Mali mit zugrunde, stellt jedoch die Zonalität der subariden Braunerden in Frage (Barth 1977, S. 93) und betrachtet deren Verbreitung in Abhängigkeit vom Geofaktor Ausgangsgestein. Er bezieht die Entwicklung der eigentlichen subariden Braunerden auf tonige Sandsteine und die braun-roten Untergruppen mehr auf äolische Sande (vgl. Tab. 1). Die jährliche Niederschlagsmenge im untersuchten Geosystem des nördlichen Sahel liegt zwischen 250 - 350 mm/a, das Ausgangsgestein für die Bodenentwicklung auf den weit gespannten Flächensystemen entspricht einer tonig sandigen Fazies des Continental Terminal. Entsprechend dem Wechsel zwischen rezenten Erosions- und Akkumulationsprozessen können auf der Fläche unterschiedliche Stadien der Bodenentwicklung beobachtet werden. Zum anderen muß das Ausgangsmaterial für die Bodenbildung infolge der Umlagerung der Pedisedimente zwangsläufig als pedogenetisch vorgeformt angesehen werden (Fölster 1983, S. 19).

Die flachen vegetationslosen Sandinseln setzen sich aus hellen Sanden zusammen, deren Substrat durch deutliche Schichtungsmerkmale geprägt ist, jedoch weder durchwurzelt ist noch irgendwelche Tendenzen einer Bodenbildung erkennen läßt.

Anders hingegen verhält es sich mit den Böden auf den bewachsenen Sandinseln (P12, vgl. Fig. 3), deren schwach schluffige Sande in den oberen 15 cm intensiv durchwurzelt sind, so daß das typische Schichtgefüge des äolischen Sediments fast völlig verschwunden ist und das sandige Substrat damit Anzeichen einer rezenten Bodenbildung erkennen läßt. Dies zeigt sich in den oberen Bereichen des Substrats zum einen am Gehalt an organischer Substanz von 0,2 %, zum anderen an einer deutlichen Braunfärbung (7,5YR6/4) des kalfreien Substrats. Auf Grund des hohen Porenvolumens von etwa 40 % und einer Luftkapazität von 20 - 25 % sind zum einen die Voraussetzungen für eine gute Durchlässigkeit der Matrix vorhanden, zum anderen wird dadurch ein dominierendes oxidatives Milieu erzeugt, so daß freigesetztes Eisen relativ leicht vertikal migrieren und oxidiert werden kann. Auf Grund dieser jungen Bodenbildung kann der Boden auf den bewachsenen Sandinseln nicht mehr als reiner Regosol, sondern muß als Regosol im Übergangsstadium zu einem schwach entwickelten cambic Arenosol betrachtet werden (vgl. Fig. 3).

Der Boden des denudativ geträgten Flächenbereichs (P13, vgl. Fig. 3) läßt ebenfalls keine deutliche Gliederung in Ober- und Unterboden erkennen, die organische Substanz nimmt sogar mit der Tiefe leicht zu (vgl. Fig. 3). Der über sandigen Tonsteinen des Continental Terminal entwickelte skelettreiche, rotgefärbte (5YR6/4) und schwach saure Boden zeigt in den oberen Bereichen einen deutlich niedrigeren Anteil der Ton- und Schluff-Fraktion als in 30 - 40 cm Tiefe. Gleichzeitig nehmen mit zunehmender Tiefe auch der Anteil an pedogenen Oxiden und ebenfalls - wie oben bereits erwähnt - die organische Substanz zu, so daß die relative Tonanreicherung nicht unbedingt als pedogener Prozeß angesehen werden kann. Vielmehr ist nicht auszuschließen, daß dieser Boden in seiner vertikalen Differenzierung entscheidend durch die Aktivität von Termiten mitgeprägt wird, indem diese zum einen organische Substanz in tiefere Bereiche der Bodenmatrix schleppen und zum anderen die tonig-schluffigen Komponenten des oberen Bodenbereichs als Baumaterial für ihre Bauten verwenden. Demzufolge wäre der Prozeß der vertikalen Texturdifferenzierung zoogener Natur.

In keinem der bestehenden Klassifikationssysteme sind solche zoogenen relativen "Tonanreichungen" berücksichtigt; auf Grund der rötlichen Färbung

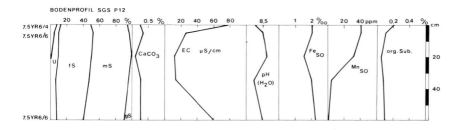
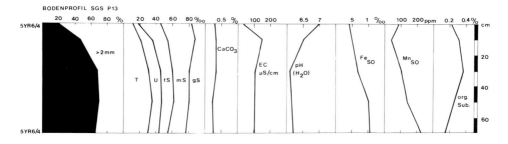

Fig. 3: Physiko-chemische Eigenschaften typischer Böden der Dornbuschsavanne (P12: Regosol/cambic Arenosol; P13: chromic Luvisol)

und seiner vertikalen Texturdifferenzierung könnte dieser Boden als chromic Luvisol angesprochen werden.

Das Fehlen eines ausgeprägten humosen Oberbodens kann aber auch auf die denudativen morphodynamischen Prozesse zurückgeführt werden; demzufolge müßte das Profil des chromic Luvisol als ein geköpftes Profil angesehen werden.

Die sehr harten Partikel im Übergangsbereich zum sandig tonigen Ausgangsgestein weisen ein Schichtgefüge auf, das hydromorphe Merkmale infolge von Stauwassereinflüssen aufweist.

Zusammenfassend läßt sich für die Bodenbildung auf den Flächensystemen des nördlichen Sahels feststellen, daß diese erheblich durch rezente morphodynamische Prozesse beeinflußt wird. Der Aufbau der Bodendecke läßt sich damit nicht auf die zonale Verbreitung der subariden Braunerden beschränken. Vielmehr sind die Flächen dieses Geoökosystems durch ein kleinräumig differenziertes Verbreitungsmuster verschiedener Bodentypen unterschiedlichen Entwicklungsgrades geprägt (Regosole, Arenosole, Luvisole): Laterale Migrationseinflüsse, vertikale pedogene und zoogene Translokationen, kurzzeitige Stauwassereinflüsse in tonreichem Substrat sowie rezente Morphodynamik bedingen Modifizierungen in der vertikalen Profildifferenzierung, so daß für die Vergesellschaftung der Böden auf den Flächen der Dornbuschsavanne des nördlichen Sahel ein breites Spektrum diverser Subtypen der genannten Bodeneinheiten charakteristisch ist.

3. Die Böden im semiariden Geoökosystem der Wüstenrandgebiete (Halbwüsten)

3.1 Bodengesellschaften des Azaouad

An die nordsahelische Dornbuschsavanne schließt sich in allmählichem Übergang nach Norden die Zone der Wüstenrandgebiete an. Dieser Übergang vollzieht sich unweit nördlich Tombouctou und durchzieht Nord-Mali "bandartig" - im Süden in etwa durch die 250 mm-Isohyete und im Norden durch die 100 mm-Isohyete begrenzt.

Dieser Übergangsraum zur Wüste erstreckt sich über die Region des südlichen Azaouad, die ein riesiges Sandakkumulationsgebiet darstellt. Fossile, überwiegend in NE-SW-Richtung streichende Längsdünen, die in regelmäßig anmutenden Abständen aufeinanderfolgen und teilweise nach N und NE in weit gespannte Sandtennen übergehen, prägen den Formencharakter dieser Landschaftszone.

Die flachen, zum Teil rötlich gefärbten Dünen sind flächenhaft von einer Acacia-Panicum-Formation überzogen, wobei linienhaft, in "Dünentälern" und an Dünenhängen hochziehend, außerdem typische Vertreter von Bäumen und Sträuchern der nordsahelischen Dornsavanne auftreten wie Maerua crassifolia, Balanites aegyptiaca, Salvadora persica, Leptadenia pyrotechnica, Calotropis procera und Boscia senegalensis (vgl. Fig. 4).

Ausgangsmaterial für die Entwicklung der meisten Böden im südlichen Azaoud sind überwiegend Lockersande. Entsprechend der ORSTOM-Klassifikation (Aubert 1965) sind die Wüstenrandgebiete als die Zone der "sols subdésertiques" anzusehen, die bereits der Abhandlung von Audry & Rosetti (1962) über die "sols subdésertiques" Mauretaniens zugrunde liegt. Letztere Autoren korrelieren diese Zone mit einer Niederschlagsbandbreite von etwa 100 - 200 mm/a und ordnen ihr, entsprechend dem Prinzip der Zonalität den Typ der "sols gris subdésertiques" - mit verschiedenen Subtypen - zu. Auch nach Barth (1977, 1986) entspricht diese Zone der der sogenannten Halbwüstenböden, für die eine geringe Bodenentwicklung (A-C-Profil) charakteristisch ist (vgl. Tab. 1).

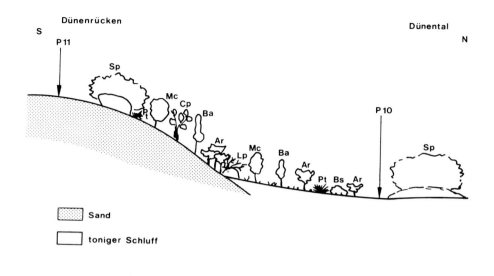

Fig. 4: Vegetationsmuster des fossilen Dünengürtels im südlichen Azaouad

Im Verbreitungsmuster der Böden in den Longitudional-Dünenfeldern und Sandtennen spiegelt sich die steuernde Funktion des Geofaktors Relief für die Bodenbildung auffallend wider: Zum einen dominieren auf Dünenrücken und deren oberen Hangbereichen chromic Arenosole (5YR6/4), während in unteren Hangbereichen und in Dünentälern sowie in Sandtennen cambic Arenosole auftreten (vgl. Fig. 5, P11). Zum anderen sind diese Arenosole auf Grund der rezenten Morphodynamik von einer mehr oder weniger mächtigen Sanddecke überlagert. Demzufolge zeigt die überwiegende Anzahl der Böden auch einen deutlich ausgeprägten zweigliedrigen Profilaufbau (Diskontinuitäten im Aufbau der Bodendecke).

Braun- bzw. Rotfärbung der cambic/chromic Arenosole sind auf Verbraunung bzw. Rubefizierung der Sande zurückzuführen (vgl. Fig. 5, P11 sowie Fig. 6, P9), wobei die unteren Dünenhänge auf Grund der Migration von Hangwasser über längere Zeit hinweg durch ein günstigeres Bodenfeuchteregime geprägt sind als die oberen Hangbereiche und die Dünenrücken.

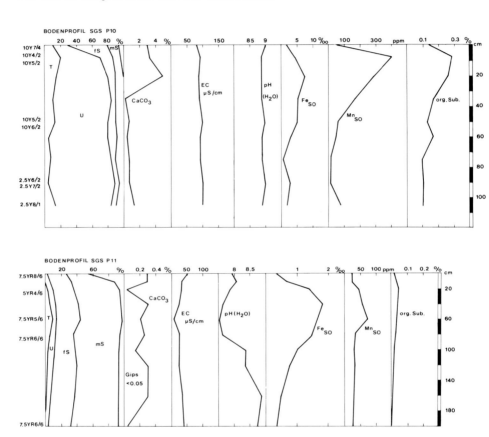

Fig. 5: Typische Eigenschaften der Bodendecke in den fossilen Dünengebieten (P11: Regosol über chromic Arenosol; P10: limnisches Sediment)

In den Niederungen zwischen den Dünen sind für den Aufbau der Bodendecke häufig limnische Sedimente charakteristisch (vgl. Fig. 5, P10). Das dunkle grünlich-graue, tonig schluffige Lockersediment ist in den obersten Bereichen mit feinen Würzelchen durchsetzt und zudem fossilführend: Drei Arten von Süßwassermollusken (Biomphalaria pfeifferi, Bulinus truncatus, Melanoides tuber-

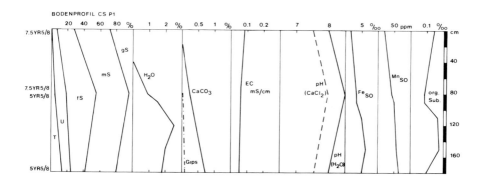
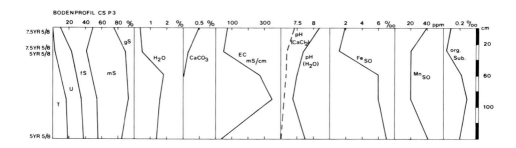
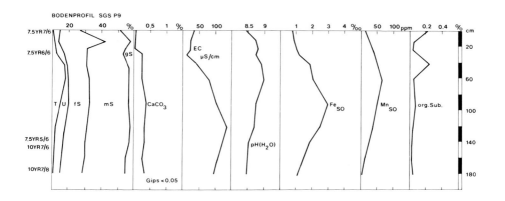

Fig. 6: Charakteristika der Bodendecke von Sandtennen des nördlichen Azaouad
(P1/3: chromic Arenosol; P9: cambic Arenosol)

culata) sowie Reste einer Muschel. Außerdem ist dieses Sediment über die gesamte Tiefe mit einer Fülle an Diatomeen durchsetzt; die in 110 - 120 cm Tiefe einsetzende Seekreide ist noch wesentlich stärker fossilführend als das darüberlagernde Sediment und weist ein breites Spektrum an Diatomeen verschiedener Gattungen auf (Navicula, Pinnularia, Melosira, Cymatopleura, Cymbella, Epithemia, Stauroneis, Amphora, Eunotia, Denticula). Während der letzten südsaharischen Feuchtphase (5500 - 4000 BP, vgl. Petit-Maire & Riser 1983) müssen in Bereichen heutiger interdünärer Niederungen also Süßwassermilieus existiert haben, die wahrscheinlich mit der morphodynamischen Stabilitätsphase korrelieren, während deren Verlauf der größte Anteil chromic/cambic Arenosole entstanden sein dürfte. Deren pedogene Merkmale dürften demzufolge heute lediglich eine Überprägung bzw. Akzentuierung erfahren.

Für die Vergesellschaftung der Böden im Bereich der fossilen Dünen des südlichen Azaouad ist zusammenfassend festzustellen: Erstens treten Regosole und Arenosole in verschiedenen Subtypen in Abhängigkeit von der Reliefposition auf und zweitens wird die Bodendecke durch den zonalen Typus des grauen Halbwüstenbodens (Audry & Rosetti 1962) aufgebaut. Barth (1977, 1986) interpretiert die rubefizierten und verbraunten Böden dieser Region als subaride Braunerden und stellt damit den zonalen Charakter dieser Bodengruppe mit Recht in Frage. Meines Erachtens handelt es sich hierbei jedoch nicht um subaride braune bzw. rot-braune Böden im Sinne Maigniens, sondern um cambic/chromic Arenosole, deren Entstehung in erster Linie auf unterschiedliche Bodenfeuchteregime in Abhängigkeit vom Relief und nicht auf abnehmende jährliche Gesamtniederschlagsmengen zurückzuführen ist (vgl. hierzu auch Barth 1977, 1986 sowie Audry & Rosetti 1962).

3.2 Die Bodengesellschaften des Berglandes von Timetrine

Nach Nordosten gehen die NE-SW-streichenden Longitudinaldünen allmählich in weite Sandebenen und diese schließlich in Sandschwemmebenen (Alluvialserire) und Fußflächen der südlichen Ausläufer des stark zerschnittenen Berglandes von Timetrine über. Isolierte Restberge dieser Tafelberglandschaft ragen aus der Ebenheit dieser Flächensysteme heraus (vgl. Foto 2). Diese Restberge bestehen aus tonreichen weichen Sandsteinen des Continental Terminal und sind oft mit einer Lateritkruste überzogen (vgl. Fig. 7).

In diesem Übergangsbereich zwischen Wüste und Halbwüste sind Vegetation und

Foto 2: Zeugenberg mit tertiärer Lateritkruste (Continental Terminal); südwestlicher Ausläufer des Berglandes von Timetrine

Böden sowohl in ihrem Verbreitungsmuster als auch bezüglich ihrer Merkmale stark vom Relief beeinflußt: Die Hochflächen der Tafelberge bestehen entweder aus Lateritkrusten oder aus Lithosolen (Mächtigkeit <10 cm), am Stufenhang und am Hangfuß, die durch ein Nebeneinander von flachgründigem Verwitterungsschutt und Sanden überzogen sind, finden sich überwiegend Rego- und Lithosole, und in flacheren Bereichen der Fußflächen, in Alluvialserien und Sandtennen treten cambic/chromic Arenosole auf (vgl. Fig. 7).

Die verkrusteten Plateaus des Continental Terminal sind vegetationslos, an den Hängen können vereinzelt kleine Bäume oder Sträucher auftreten. Ansonsten wird - mit Ausnahme der Waditalungen - die Vegetation immer niedriger und weitständiger und ist auf edaphische Besonderheiten konzentriert. Die Sandebenen können demzufolge vegetationslos sein, können jedoch in Muldenlage mit Fagonia bruguieri und Panicum turgidum relativ dicht besiedelt sein (P1, vgl. Fig. 6).

Allen Arenosolen der Sandebenen (vgl. Fig. 6) ist gemein, daß sie - wie für den südlichen Azaouad bereits beschrieben - im Profilaufbau markante Grenzflächen zwischen einem oberen, wenig pedogen geprägten und einem tieferen, intensiv verbraunten oder rubefizierten Unterboden aufweisen. Die intensive Rotfärbung des chromic Arenosols kann auch durch laterale Migration

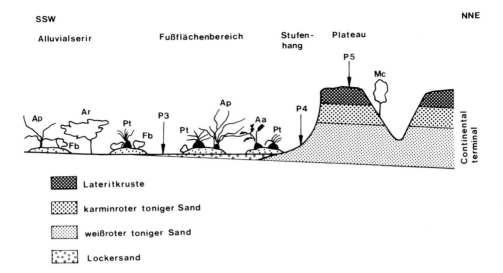

Fig. 7: Boden- und Vegetationsmuster im Bereich der Plateaulandschaft des Gour Ticherrougoui im nordöstlichen Azaouad (P3: Regosol über chromic Arenosol; P4: Litho-/Regosol; P5: Lateritkruste); Legende zur Vegetation siehe Fig. 8, gegenüberliegende Seite

von Eisen, das aus den eisenreichen Sandsteinen des Continental Terminal herausgelöst wurde, verursacht oder zumindest verstärkt worden sein.

Diese Diskontinuitäten sind so markant im chromic Arenosol der Sandschwemmebenen (P3, vgl. Fig. 6), beim cambic Arenosol der Sandtennen (P9, vgl. Fig. 6) oder beim Cambisol der flachen Waditalung (P6, vgl. Fig. 9), daß man davon ausgehen kann, daß es sich um alte Landoberflächen handelt, die infolge Einsetzens einer morphodynamischen Aktivitätsphase unter einer fluvialen oder äolischen Sedimentdecke begraben wurden.

Während die Sedimentdecken sowohl im südlichen als auch im nördlichen Azaouad nur geringe Anzeichen einer rezenten Bodenbildung erkennen lassen und damit überwiegend Regosolcharakter haben, kann man weiter nordostwärts, in Richtung auf das eigentliche Bergland, in breiten Waditalungen Beobachtungen zur rezenten Bodenbildung der fluvialen Sanddecken machen. Die Niederschläge dürften sich hier - bezogen auf Tessalit - auf etwa 100 mm/a belaufen, der Vegetationsbestand nimmt schon nordsahelischen Charakter an: Acacia raddiana, Maerua crassifolia, Balanites aegyptiaca, Boscia senegalensis sowie Panicum turgidum und Fagonia brugieri sind die häufigsten Vertreter, während Zizyphus lotus, Chrozophora brocchiana, Salvadora persica und Aerva javanica nur vereinzelt auftreten (Fig. 8).

Wie bereits erwähnt, zeigt die fluviale Sedimentdecke der breiten Waditalung nicht nur Initialstadien einer rezenten Bodenentwicklung, sondern kann infolge weitgehender Auflösung der ursprünglichen Schichtung durch intensive Durchwurzelung bis in etwa 10 - 15 cm Tiefe sowie durch einsetzende Verbraunung schon als haplic Yermosol eingestuft werden. Diese rezente Bodenbildung erfaßt das Substrat lediglich bis in etwa 15 cm Tiefe; nach unten ist der ursprüngliche Sedimentcharakter bis ungefähr 30 cm ungestört erhalten. Dann trennt eine im Profilaufbau markant in Erscheinung tretende Diskontinuität den oberen Bereich von einem intensiv verbraunten und bioturbat geprägten Boden (vgl. Foto 3).

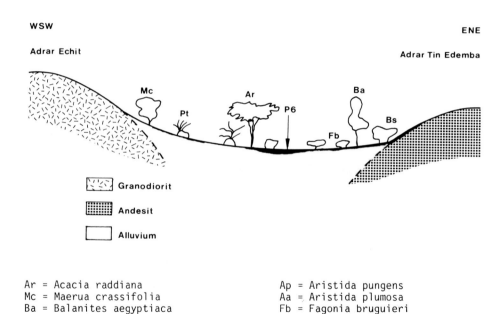

Fig. 8: Vegetationsverteilung in einer breiten Waditalung SW-Tessalit

Bis in etwa 1 m Tiefe sind für diesen Boden erstens ein ausgeprägtes Schwammgefüge und zweitens eine intensive Verbraunung charakteristisch (vgl. Fig. 9). Das typische Schwammgefüge (vgl. Foto 4) ist auf lebhafte Aktivität von

Foto 3: P6: haplic Yermosol über Cambisol in einer breiten Waditalung SW Tessalit

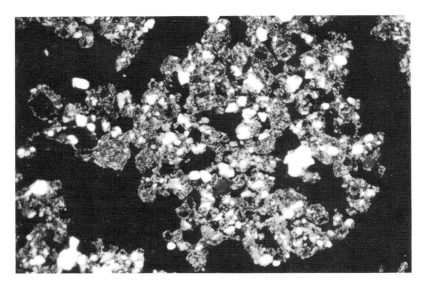

Foto 4: Typisches Schwammgefüge: unregelmäßig verteilte Hohlräume, gerundete Hohlraumoberflächen, "warziger" Habitus des mäßig dichten Gefüges (P6: 60-75 cm Tiefe, 16fach vergrößert)

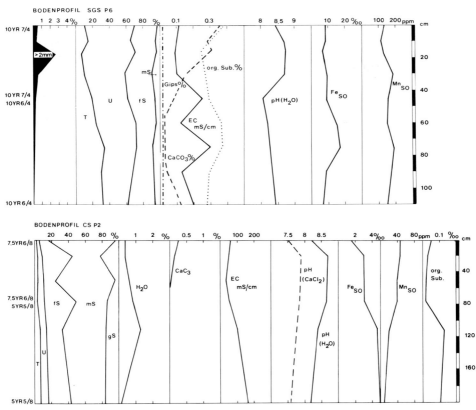

Fig. 9: Physiko-chemische Eigenschaften eines haplic Yermosol/Cambisol (P6) sowie eines Regosol/chromic Arenosol (P2)

Bodentieren (Termiten oder Regenwürmer) zurückzuführen und ist in seiner Ausbildung mit dem cambic B_v einer Braunerde der gemäßigten Breiten vergleichbar (freundliche Mitteilung von Herrn Prof. Babel, Universität Hohenheim). Demzufolge ist dieser Boden als Cambisol anzusprechen. Für seine Entwicklung muß eine morphodynamisch stabile Phase mit einem zumindest semihumiden Bodenfeuchteregime angenommen werden.

4. Die Böden im ariden Geoökosystem der Südsahara

Nach Norden hin geht die Halbwüste fast fließend in die aride Südsahara über. Niederschläge unter 100 mm/a, die zudem überwiegend episodischen Charakter haben, hohe Temperaturschwankungen und hohe Verdunstungsraten prägen dieses System, dessen Struktur sich schon in den nordöstlichen und nördlichen Bereichen der Halbwüste ankündigt: Eine immer offener werdende Landschaft mit einem immer weitständiger und niedriger werdenden Vegetationsbestand und einem immer größer werdenden Anteil völlig vegetationsloser Flächen. Nur noch in Wadiläufen und in anderen Bereichen mit oberflächennahem Grundwasser treten relativ dichte Vegetationsformationen auf, die jedoch einen niedrigeren Wuchs als in vergleichbaren Standorten der Halbwüste und der Dornbuschsavanne aufweisen. In dieser Zone ist die Vegetationsverteilung ausschließlich edaphisch begründet und konzentriert sich demzufolge auf Areale mit relativ günstigem Bodenwasserhaushalt (Dünenhänge, Flugsanddecken, Senken).

Das die Halbwüste prägende Panicum turgidum weicht anteilsmäßig völlig zurück; nur noch vereinzelt tritt es in interdünären Niederungen, lokalen Flugsanddecken oder Sandstreifen auf (vgl. Fig. 7). Andere Ephemerophyten wie Aristida pungens und Aristida plumosa sowie Cornulaca monacantha machen nun den Hauptanteil der Vegetation aus. Diese "schießen" nach episodischen Niederschlägen aus dem Boden und prägen zusammen mit Cyperus conglomeratus kurzzeitig das Bild der jungen, mobilen Dünenlandschaften. Neben den dominierenden Ephemerophyten treten jedoch Therophyten wie diverse Fagonia-Arten, vor allem Fagonia bruguieri, auf (vgl. Foto 5). Die anspruchslosen Fagonia-Arten können auch noch lokale Mulden und Tiefenlinien in Serir-(Reg-)Flächen besiedeln (vgl. Foto 6). Über Verteilung und Zusammensetzung der Vegetation im Bereich junger, mobiler Dünen des saharisch geprägten Geosystems gibt. Fig. 10 Aufschluß; sie ist gleichzeitig als Gegenüberstellung zu Fig. 4 (fossiler Dünenbereich) zu verstehen.

Die Böden des ariden Geoökosystems sind zum einen durch das dominierende aridic Bodenfeuchteregime, d. h. in direkter Abhängigkeit vom Klima, zum anderen durch Relief und Morphodynamik entscheidend geprägt. Infolge des arid-morphodynamischen Systems kann diese Region in Akkumulations- und Erosions-(Deflations-)Landschaften untergliedert werden, mit denen das Verbreitungsmuster der (Roh-)Böden überwiegend korreliert. Auf Grund des Dominierens physikalischer Verwitterungsprozesse gehen pedogenetische Prozesse über Initialstadien kaum hinaus, weshalb überwiegend äußerst flachgründige Skelettböden mit Mächtigkeiten <10 cm entstehen (Lithosole).

Diese Lithosole bedecken als Hamada nicht nur große Areale der Sandstein-Plateaus des Continental Terminal (Deflations-Rohböden im Sinne von Barth 1977, 1986), sondern treten in Kombination mit akkumulierten Sanden im Bereich von

Foto 5: Therophyten und Ephemerophyten entlang mobiler, junger Dünen der Südsahara

Foto 6: Alluvialserir mit weitständiger Fagonia bruguieri (mit kleinen Sandfahnen)

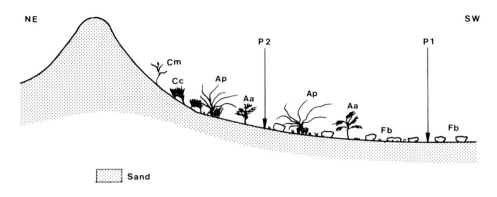

Fig. 10: Vegetationsverteilung im Bereich junger, mobiler Dünen des Erg el Korzi

Stufenhängen und Fußflächen der Tafel- und Restberge in Form von Regosolen auf.

In Abhängigkeit von der Entfernung von diesen Restbergen wird die Schuttdecke aus immer feiner werdenden Partikeln (Sedimente und Pedisedimente) aufgebaut, so daß sich aus den Lockersanden cambic/chromic Arenosole entwickeln konnten (wahrscheinlich während der letzten holozänen Feuchtzeit zwischen 5500 - 4000 BP).

Die äolischen Sande der jungen Dünen erfahren infolge Deflation eine ständige Umlagerung. Deshalb erscheint es fast unmöglich, daß diese pedogenen Transformations- und -lokationsprozessen ausgesetzt sein können, bevor sie wiederum verlagert werden. Jedoch kann sich in den unteren Bereichen der sandigen Bodendecke nach dem Auftreten episodischer Regenfälle kurzzeitig die Bodenwasserdynamik verändern und können damit die obengenannten pedogenen Prozesse initiiert werden. Eine rezente Überprägung bereits vorhandener, reliktischer Bodenmerkmale ist damit nicht auszuschließen. Ansonsten sind in den Bereichen der Sandgebiete junge, lediglich schwach entwickelte Böden (Regosole mit Übergängen zu Arenosolen) weit verbreitet.

5. Schlußfolgerungen

Bezüglich Verbreitung und Entwicklung der Böden sollen abschließend diverse Aspekte thesenartig formuliert werden.

- Das Bodenspektrum N-Malis kann durch die exemplarisch vorgestellten Böden sicher nicht vollständig behandelt werden: So werden zum Beispiel die Solonchake der tonreichen Senken (Depressionen, Playas), die auf Hochflächen der westlichen Ausläufer des Adrar des Iforas weit verbreiteten Cambisole sowie die Lateritkrusten nicht diskutiert.
- Die Verteilung der Böden ist nur bedingt auf makroklimatische Verhältnisse zurückzuführen. Vielmehr wirken sich in den verschiedenen Geoökosystemen die Einflüsse der Geokomponenten Ausgangsgestein, Relief und vor allem der des Wasserhaushaltes/Bodenfeuchteregimes steuernd aus.
- Der zonale Charakter diverser Böden muß deshalb in Frage gestellt werden, zumal für die vorgestellten saharo-sahelischen Geoökosysteme durchweg eine kleinräumig differenzierte Vergesellschaftung unterschiedlicher Bodentypen charakteristisch ist.
- Im subarid geprägten Geoökosystem dominieren in enger Verflechtung "Luvisole", Arenosole und Regosole mit entsprechenden Subtypen. Verbraunte und rubefizierte Arenosole sind aber auch die am weitesten verbreiteten Böden der fossilen Dünen der Halbwüste im südlichen Azaouad. Vergleichbare Tendenzen sind auch hinsichtlich der Verbreitung der Litho- und Regosole festzustellen: Unabhängig vom Ökosystemtyp Halbwüste oder Wüste sind in beiden Landschaften auf Hochflächen und in Hangbereichen flächenhaft Regosole und Lithosole sowie Lateritkrusten verbreitet.
- Das Verbreitungsmuster von Böden (und Vegetation) folgt demnach in erster Linie den edaphischen Gegebenheiten der entsprechenden Geoökosysteme und nur bedingt einem übergeordneten Klimagradienten.
- Markant in Erscheinung tretende Diskontinuitäten im Aufbau der Bodendecke bestätigen den Einfluß der jeweils während einer Feucht- oder Trockenphase dominierenden Morphodynamik auf die Prozesse der Bodenbildung.
- Diverse diagnostische Merkmale verschiedener Böden müssen zweifelsohne diskutiert und damit auf deren Entstehung (rezent - reliktisch) überprüft werden (vgl. Blume 1985, Vogg 1985, 1986, 1987). Hierbei zeigen jedoch die vorgestellten Standorte, daß nicht den makroklimatischen Verhältnissen die größte Wirksamkeit beizumessen ist, sondern Pedoklima und Bodenfeuchteregime des jeweiligen Standortes sind die steuernden Parameter für rezent ablaufende Transformations- und Translokationsvorgänge.

Literatur

Aubert, G.: Classification des sols. Tableaux des Classes, Sous-Classes, Groupes et Sous-Groupes de Sols utilisées par la Section Pédologie de l'ORSTOM. - Cahiers ORSTOM, Sér. Pédologie 3, 1965, S. 269-288.

Audry, P. & Ch. Rosetti: Observations sur les sols et la végétation en Mauritanie du sud-est et sur la bordure adjacente du Mali. - FAO, Rom 1962, 267 S.

Barth, H. K.: Der Geokomplex Sahel. - Tübinger Geogr. Stud. 71 (Sonderband 12), 1977, 234 S.

Barth, H. K.: Die Bestimmung sahelischer Ökosystemtypen mit Hilfe von Untersuchungen zum Bodenwasserhaushalt mit Beispielen aus dem Sahel Malis. Geomethodica 3, 1978, S. 51-91.

Barth, H. K.: Mali. Eine geographische Landeskunde. Darmstadt 1986, 395 S.

Blume, H.-P.: Klimabezogene Deutung rezenter und reliktischer Eigenschaften von Wüstenböden. - Geomethodica 10, 1985, S. 91-121.

Dutil, P.: Contribution à l'etude des sols et des paléosols du Sahara. Thèse, Faculté des Sciences de l'Université de Strasbourg, 1971, 330 S.

Fölster, H.: Bodenkunde Westafrika. - Afrika Kartenwerk, Beih. W. 4, Berlin, Stuttgart 1983, 101 S.

Maignien, R.: Les sols subarides en A.O.F. - 5e Congr. Int. de la Science du Sol Leopoldville 1954, S. 23-27.

Maignien, R.: Les sols sub-arides au Sénégal. Agronomie tropicale 5, 1959, S. 535-571.

Michel, P.: Geomorphologische Forschungen in Süd- und Zentralmauretanien. - Mitt. Basler Africa Bibliographien 19, 1977, S. 81-108.

Petit-Maire, N. & J. Riser (ed.): Sahara ou Sahel? Quaternaire récent du Basin de Taoudenni (Mali). - Marseille 1983, 473 S.

Vogg, R.: Aspekte zur rezenten und reliktischen Merkmalbildung von Wüstenböden der westlichen Zentral- und Südsahara. - Mitteilgn. Dtsch. Bodenkundl. Gesellsch. 43/II, 1985, S. 811-816.

Vogg, R.: Relief und Böden der westlichen Zentral- und Südsahara (S-Algerien, NE-Mali). - In: Relief und Bodenentwicklung an Beispielen aus Europa und Afrika, hrsg. v. O. Seuffert u. M. Schick. Darmstädter Geogr. Stud. 7, 1986, S. 7-43.

Vogg, R.: Paläo-ökologische Aspekte bodengeographischer Untersuchungen in der Vollwüste. - In: Geographie in Stuttgart, hrsg. v. W. Meckelein u. Ch. Borcherdt. Stuttgarter Geogr. Stud. 100, 1987 (im Druck).

Vogg, R. & E. Wehmeier: Grundzüge eines extrem ariden Ökosystems (Toshka-Depression, S-Ägypten). - Geoökodynamik 5, 1984, S. 205-226.

Der Autor dankt der Deutschen Forschungsgemeinschaft für die finanzielle Unterstützung der Gelände- und Laborarbeiten.

Anschrift des Autors: Dr. Reiner Vogg, Geographisches Institut der Universität Stuttgart, Silcherstraße 9, D-7000 Stuttgart 1

Forschungen in Sahara und Sahel I, hrsg. von R. Vogg
Stuttgarter Geographische Studien, Bd. 106, 1987

DESERTIFIKATIONSERSCHEINUNGEN UND KULTURGEORGRAPHISCHE AUSWIRKUNGEN DER LETZTEN DÜRREPERIODE IN NORDMALI
von Andreas Spengler

Zusammenfassung: Die Desertifikationserscheinungen in Nordmali entlang der Expeditionsroute waren sehr unterschiedlich ausgeprägt. Besonders starke Desertifikationserscheinungen wurden in der Umgebung der Ortschaften sowie zwischen Tombouctou und Gao beobachtet.

Die Dürrekatastrophe von 1968 bis 1973 forderte in Nordmali erhebliche Opfer. Die Zahl der Rinder ging von 1970 bis 1974 um etwa 80 % zurück. Nach dem Verlust ihrer Existenzgrundlage flohen viele Nomaden in die größeren Orte und Städte, wo sie in Flüchtlingslagern notdürftig versorgt wurden. Zahlreiche Menschen fanden in den Lagern oder auf dem Weg dorthin den Tod. Nach einer Besserung der Lage ab 1974 traten in den frühen achtziger Jahren wieder erhebliche Niederschlagsdefizite auf, die für eine erneute Zuspitzung der Situation sorgten. Rechtzeitige Hilfe konnte eine Katastrophe verhindern.

Summary: Phenomena of desertification and anthropogeographical consequences of the last drought in Northern Mali

In Northern Mali the phenomena of desertification were developed very differently. Heavy phenomena of desertification were particularly observed in the surroundings of villages and between Tombouctou and Gao.

Considerable victims were claimed by the drought of 1968 - 1973. The number of cattle decreased about 80 % between 1970 and 1974. After the loss of their existence many nomads fled to towns and bigger villages where they were supplied in refugee-camps scantily. A big number of nomads lost their lives in the camps or on the way to these camps. After the improvement of the conditions since 1974, the situation became worse again at the beginning of the nineteen-eighties. But a catastrophe was prevented by timely help.

Résumé: Phénomènes de désertification et effets anthropogéographiques de la dernière période sèche au Mali du Nord

Les phénomènes de désertification rencontrés au Mali du Nord au cours de l'expédition étaient de caractère très varié. On a observé des phénomènes de désertification particulièrement prononcés aux environs des endroits habités ainsi qu'entre Tombouctou et Gao.

La sécheresse catastrophique de 1968 à 1973 a fait des victimes considérables au Mali du Nord. Entre 1970 et 1974 le nombre des bovidés a diminué d'environ 80 %. Après la perte de leurs moyens d'existence beaucoup de nomades se sont réfugiés dans les villes et villages plus grands où l'on leur a fourni provisoirement le nécessaire. De nombreuses personnes ont trouvé la mort sur le chemin des camps de réfugiés ou dans les camps mêmes. Après une amélioration de la situation à partir de 1974, il y a eu de nouveau, au début des années 80, de considérables déficits de précipitations qui ont causé une nouvelle aggravation de la situation.

Aus der Überschrift läßt sich bereits erkennen, daß an dieser Stelle zwei unterschiedliche Themenkreise behandelt werden. Zum einen erfolgt eine rein deskriptive Darstellung von Beobachtungen zur Desertifikation in Nordmali. Unter Nordmali werden hier die Regionen Tombouctou und Gao verstanden. Die Beschreibung der Desertifikationserscheinungen erfolgt entlang der Expeditionsroute. Hieraus wird verständlich, daß diese Ausführungen keine allgemeine, landesweite Zustandsbeschreibung der Verhältnisse in Nordmali geben können, sondern daß sie sich auf eine relativ schmal begrenzte Linie beschränken müssen. Zum anderen werden im zweiten Teil des Beitrags ausgewählte kulturgeographische Auswirkungen der letzten beiden Dürreperioden behandelt.

1. Beobachtung von Desertifikationserscheinungen

Der im Norden des Adrar des Iforas unweit der Grenze zu Algerien gelegene Ort Tessalit war der erste Anlaufpunkt auf malischem Boden. Die Oase machte einen überaus gepflegten Eindruck. Palmenhaine und Gärten waren in gutem Zustand. Am Rand der Siedlung herrschte eine rege Bautätigkeit, und insgesamt wies der Ort keine Desertifikationserscheinungen auf. Zwischen Tessalit und der ungefähr hundert Kilometer südlich gelegenen Ortschaft Aguelhok war die in Trockenruhe befindliche Vegetation stellenweise sehr üppig. Die Baum- und

Strauchvegetation war hier weder durch Viehverbiß noch durch menschliche Eingriffe in Mitleidenschaft gezogen. Aguelhok machte, wie Tessalit, einen sehr gepflegten Eindruck und ließ keine Anzeichen von Desertifikationsprozessen erkennen. Einige Kilometer südlich jedoch wiesen über einen Meter tiefe Erosionsrinnen, an Wurzeln freigespülte und umgestürzte Bäume darauf hin, daß sich Desertifikationsprozesse auch in Veränderungen morphodynamischer Vorgänge äußern.

Ungefähr 90 Kilometer südwestlich von Aguelhok befinden sich die Brunnen von Asler, von denen aber nur einer ausreichend Wasser von sehr schlechter Qualität führte. Da die Brunnen ziemlich stark von Nomaden frequentiert sind, war die nähere Umgebung über die Maßen zertrampelt. Im weiteren Umkreis war die Vegetation leicht eingesandet, ferner wurde die Bildung von Minidünen festgestellt. Insgesamt machte dieser Platz einen wenig erfreulichen Eindruck, wozu sicherlich auch etliche mumifizierte Kamelkadaver beitrugen.

Der Adrar Anéchag erstreckt sich ungefähr 70 Kilometer westlich der Brunnen von Asler. Zahlreiche kleinere Wadis münden, aus dem Bergland kommend, in das Oued Anéchag. Der Vegetationsbestand entlang des Wadis war relativ dicht und zeigte sich nur geringfügig anthropogen geschädigt. Das Gebiet in unmittelbarer Nähe des Brunnens befand sich jedoch in einem trostlosen Zustand, denn die Vegetationsbedeckung war vollständig verschwunden. Zahlreiche Skelette verendeter Kamele komplettierten den tristen Eindruck. Hier konnte, ebenso wie um die Brunnen von Asler, von starken Desertifikationserscheinungen gesprochen werden.

Die Landschaft zwischen den Brunnen Anéchag und Eroug wirkte teilweise ebenfalls stark desertifiziert. Der Brunnen Eroug liegt etwa 120 Kilometer westsüdwestlich von Anéchag und gehört bereits dem Azaouad an. Sehr häufig konnten verdorrte und abgebrochene Bäume und Sträucher beobachtet werden, von denen viele erheblich eingesandet waren.

Die Desertifikationserscheinungen im Bereich der fixierten Dünen des Azaouad zwischen den Brunnen Eroug und Tin Eguelaï, 50 Kilometer nördlich von Tombouctou, waren sehr unterschiedlich ausgeprägt. Teils befand sich die Vegetation in einem nahezu ungestörten Zustand, teils war sie erheblich geschädigt.

Diese Schädigungen hatten eindeutig kulturgeographische Hintergründe, wobei die Baum- und Strauchvegetation besonders auffällig betroffen war. Der geringe Eiweiß- und Stickstoffgehalt der Gräser in der Trockenzeit veranlaßt die Hirten zum Abschlagen von Ästen und Zweigen, um ihrem Vieh die früh austreibenden grünen, eiweiß- und stickstoffreichen Blätter der Akazien und

Balanites zugänglich zu machen. Weiterhin wird von den Hirten Brennholz zum Kochen ihrer Mahlzeiten und des Tees benötigt. Zur Beschaffung des Holzes werden dicke Äste oder Teile der Baumkrone abgeschlagen.

Niederschlagsabnahmen führen zu einer Kontraktion der Vegetation, als Folge davon nehmen die vegetationslosen Areale zu (Klaus 1981, S. 121). Solche Erscheinungen ließen sich, bedingt durch die stark defizitären Niederschläge der Jahre 1982 und 1983, auch im Azaouad beobachten. Besonders nördlich von Tin Tehoun änderte sich die Vegetationsbedeckung sehr stark. Areale mit dichter Grasbedeckung wechselten mit vollkommen vegetationslosen Flächen. Da selbst ein schwacher Gras-, Busch- und Baumbewuchs einen erheblichen Schutz vor der Abtragung durch den Wind darstellt, ist es nicht verwunderlich, wenn es nach der Vernichtung des Bewuchses zu einer vermehrten Ausblasung der Feinsande und Schluffe aus Böden und Lockersedimenten kommt. Die Deflation bewirkt eine Freilegung der Wurzeln vereinzelter Bäume und Sträucher, wie sie in Azaouad sehr häufig festzustellen war.

Südlich von Tin Eguelaï - dessen nähere Umgebung erstaunlicherweise nur wenig beeinträchtigt war - und Tombouctou, nahm die Zerstörung der Vegetation rapide zu. Die Schädigungen verstärkten sich mit abnehmender Entfernung zur Stadt. Es gab kaum einen Baum, der nicht Verstümmelungen aufwies, die durch das Abschlagen oder Abreißen von Ästen hervorgerufen waren. Das Gebiet gehört bereits zum Einflußbereich der Bewohner Tombouctous, die sich hier mit Brennholz versorgen. Unmittelbar um die Stadt war die Vegetation bis auf vereinzelte Bäume und Sträucher vollständig vernichtet.

Die Landschaft im Osten Tombouctous war ebenfalls stark in Mitleidenschaft gezogen. Die Dumpalmenhaine befanden sich generell in einem sehr schlechten Zustand, mancherorts waren sie vollkommen abgeholzt. Überall waren starke Sandüberwehungen festzustellen, welche die Grasvegetation und teilweise sogar die Baumvegetation zu ersticken drohte. In der näheren Umgebung von Ortschaften wies die Vegetation zudem eine übermäßige anthropogene Inanspruchnahme auf. Erschwerend wirkt sich hierbei das Entstehen neuer Ortschaften aus. Zwischen Tombouctou und Bourem befinden sich entlang der Piste heute etliche neue Dörfer, die noch nicht in Karten eingezeichnet sind. Teilweise waren in diesem Streckenabschnitt die Kämme der fixierten Dünen mobilisiert; als Ursache muß die überweidungs- und klimabedingte Vernichtung der Grasvegetation angesehen werden. Zahlreiche Dünenhänge wiesen außerdem Erosionsrinnen auf.

Ein bedrückendes Bild geben die hier gelegenen Mare ab. Die unmittelbare Umgebung der Mare war zertrampelt, die Vegetation durch Verbiß und menschliche

Eingriffe degradiert.

Im Streckenabschnitt Bourem-Tabankort gab es mehrere ausgetrocknete Brunnen. Häufig durchzogen tiefe Erosionsrisse die Bodenoberfläche.

Zwischen Gao und der Staatsgrenze zum Staat Niger bot sich ein sehr unterschiedliches Bild. Während sich die Baum- und Strauchvegetation in größerer Entfernung zu den Dörfern nur wenig geschädigt zeigte, war in der näheren Umgebung eine starke Degradation zu erkennen. Auch hier wurden eine rege Bautätigkeit und das Entstehen neuer Dörfer festgestellt.

In der Sahelzone von Nordmali konnte man entlang der Expeditionsroute immer wieder abgestorbene Bäume der Spezies Acacia senegal finden, die keine äußerlich erkennbaren Anzeichen für ihr Absterben, wie zum Beispiel größere Verstümmelungen am Astwerk, aufwiesen. Wahrscheinlich ist das Absterben der Bäume auf ihre geringe Hitzeresistenz zurückzuführen (Klaus 1976, S. 100). Zur Vermeidung des Hitzetods muß die Acacia senegal ihre Blätter durch Transpiration unter der kritischen Resistenzschwelle halten. Da das für die Transpiration notwendige Bodenwasser oft nicht in ausreichendem Maß zur Verfügung stand, weil die Niederschläge der Jahre 1982 und 1983 zu gering ausfielen, starben etliche Bäume ab.

Abschließend lassen sich folgende Aussagen machen:

Die Desertifikationserscheinungen sind in Nordmali entlang der Expeditionsroute sehr unterschiedlich ausgeprägt. Stärkere Schädigungen treten nur inselhaft auf. Sie sind besonders in unmittelbarer Umgebung der Städte, Dörfer sowie Brunnen erheblich. Die Vernichtung der Baumvegetation infolge des Brenn- und Bauholzbedarfs um Ortschaften ist enorm. Mit abnehmender Entfernung zu den Siedlungen ließen sich zunehmende Zerstörungen erkennen. Besonders ausgeprägt war dieses Phänomen um die größten Orte Tombouctou und Gao. Die Abholzungen in den Dumpalmenhainen zwischen beiden Orten sind sicherlich auch in Zusammenhang mit dem Entstehen neuer Ortschaften entlang dem Niger zu sehen. Mit Bauholz beladene Lastkraftwagen konnten in Bourem beobachtet werden. Zu Verbrennungszwecken geschlagenes Holz wird nicht nur direkt verbrannt, sondern auch zu Holzkohle umgewandelt, wie zahlreiche Holzkohlehaufen am Pistenrand zwischen Tombouctou und Gao bewiesen.

Das zweifellos am schwersten betroffene Gebiet ist der Abschnitt zwischen Tombouctou und Bourem. Die Gründe hierfür sind die relativ hohe Bevölkerungsdichte und der ebenfalls hohe Viehbestand in diesem Abschnitt des Nigers.

Schwerwiegend wirkt sich auch die Konzentration des Viehs um die Brunnen und Wasserstellen während der Trockenzeit aus. Sie bewirkt eine starke Degradation der Baum- und Strauchvegetation; häufig fehlt die Grasvegetation unmittelbar um Brunnen und Mare ganz.

In den Oasen Tessalit und Aguelhok konnten dagegen keine Desertifikationserscheinungen festgestellt werden. Die oben geschilderten Beobachtungen zeigen auch an diesem Beispiel deutlich, daß die Ausbreitung wüstenhafter Verhältnisse nicht in geschlossener Front, vielmehr inselhaft oder zungenförmig vor sich geht.

2. Kulturgeographische Auswirkungen der Sahelkatastrophe von 1968 bis 1973 und der letzten Dürreperiode

Nach den günstigen Niederschlagsverhältnissen der fünfziger und frühen sechziger Jahre begannen sich die Lebensbedingungen der Nomaden, in Nordmali ebenso wie im ganzen Sahel, durch die erheblichen Niederschlagsdefizite der darauffolgenden Jahre zu verändern. Waren vorher aufgrund der üppigen Niederschläge für die immens angewachsenen Herden genügend Weiden vorhanden gewesen, so wandelte sich nunmehr die Situation.

Bemerkenswert an der Lage in Mali ist, daß sich die Viehbestandszahlen bis 1970 trotz der ab 1968 auftretenden Niederschlagsdefizite erhöhten. Die Zahl der Rinder wurde in diesem Jahr auf 5,31 Millionen, die der Kamele auf 218.000 und die der Schafe und Ziegen auf 11,25 Millionen geschätzt. Die Entwicklung des Viehbestandes in Mali ist in Tabelle 1 dargestellt.

Die Nomaden Nordmalis nahmen sehr wohl die sich verschlechternden Umweltbedingungen wahr. Sie sahen, wie die Bäume abstarben, wie die Brunnen austrockneten und weite Flächen überweidet wurden. Doch sie verharrten zunächst in ihren angestammten Gebieten in der Hoffnung, daß sich die Lage wieder bessern würde. Erst ab 1971/72, nachdem aufgrund des Futter- und Wassermangels die ersten größeren Viehverluste eintraten, wurden sie sich der Gefährlichkeit ihrer Situation bewußt, und die Wanderungen in etwas niederschlagsreichere südliche Gebiete begannen. Nach den erheblichen Niederschlagsdefiziten der Jahre 1972 und 1973 setzte ein enormes Viehsterben ein. Durch den Verlust ihrer Lebensgrundlage gerieten vor allem Nomaden, aber auch Seßhafte in größte Not. Nach Bugnicourt (1975, S. 11) blieb Ende 1972 den Nomaden, die sich nördlich des 13. Breitengrades befanden, häufig nur noch die Wahl zwischen Abwanderung oder Tod. Am Anfang des Jahres 1973 setzte dann der große Exodus ein. Abbildung 1 zeigt die Hauptfluchtrichtungen der Nomaden in Mali.

Tab. 1: Entwicklung des Viehbestands in Mali ab 1970 (in Millionen Stück)

Jahr	Rinder	Schafe	Ziegen	Kamele
1970	5,35	5,75	5,5	0,218
1971	5,25	5,6	5,4	0,215
1972	5,0	5,5	5,35	0,215
1974	3,7	4,1	4,0	0,158
1975	3,886	4,0	3,8	0,168
1976	4,08	4,219	3,929	0,178
1977	4,076	5,63	4,057	0,188
1978	4,263	5,9	5,7	-
1979	4,765	6,0	6,5	-
1980	4,96	6,25	6,75	-
1981	5,134	6,35	7,0	-
1982	5,3	6,4	7,25	-
1983	5,4	6,45	7,5	-

- = keine Angaben
Quellen: Statistisches Bundesamt 1984, 1986
FAO Production Yearbook 1972, 1977, 1982

Zum größten Teil flüchteten die Menschen nach Süden. Anlaufstationen waren die größeren Orte und Städte, wo Flüchtlingslager entstanden. In den Lagern um Tombouctou und Gao wurden 37.000 Menschen gezählt (Copans 1975, S. 72). Auf dem Weg in die Städte verlor ein Sechstel der Flüchtenden das Leben. Es waren aber nicht nur Nomaden, sondern auch etliche Seßhafte, die in den Lagern Zuflucht suchten. Eine große Anzahl Flüchtender folgte dem Lauf des Nigers und gelangte in das Auffang-Lazarett in der Nähe von Niamey, das im August 1974 mit 22.000 Flüchtlingen einen Höchststand erreichte (Bugnicourt 1975, S. 24).

Jedoch flohen nicht alle Menschen nach Süden. Ein Teil wanderte auch nach Norden. In der Hauptsache waren es Nomaden aus dem Adrar des Iforas, die nach Algerien zogen. Diejenigen Nomaden, welche diese Richtung wählten, hatten ihre gesamte Habe verloren, während die nach Süden Flüchtenden wenigstens noch einige Tiere besaßen. Ein hoher Prozentsatz der nach Norden Geflohenen fand jedoch in Bordj-Moktar den Tod. Zwischen Januar und Februar 1973 starben hier täglich 15 Menschen (Ag Foni 1982, S. 64).

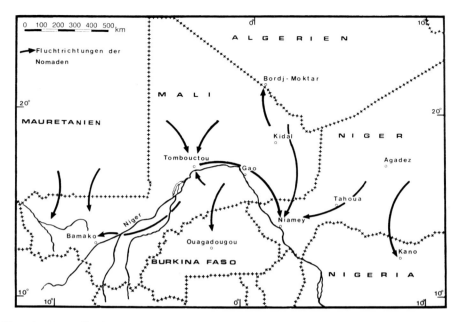

Fig. 1: Hauptfluchtrichtungen der Nomaden 1973
Quellen: verändert nach Bugnicourt 1975; Sheets & Morris 1974

Es wird geschätzt, daß insgesamt 40.000 Tuareg aus Mali in den Staat Niger und 35.000 Tuareg nach Burkina Faso geflohen sind. Die Anzahl der nach Mauretanien und Südalgerien geflüchteten Menschen wird mit mehreren Zehntausend angegeben (Sheets & Morris 1974, S. 161).

Eine sehr originelle Überlebensstrategie wird von den westlichen Kel Antessar berichtet. Die südlich von Gourma Rharous lebenden Tuareg verzichteten rechtzeitig auf ihre Rinder, die sie durch Notverkäufe zu Mindestpreisen veräußerten. Sie überschritten mit einer großen Anzahl von Schafen und Ziegen den Niger und wanderten nach Norden in Richtung Sahara. In diesen, von allen anderen Nomaden verlassenen Gebieten, fanden sie ausreichend Gras und Wasser, um ihre Kleintiere zu retten (Gallais 1977, S. 125).

Die Ernährungssituation war katastrophal, in den Flüchtlingslagern Nordmalis litten 70 % der Nomadenkinder an akuter Unterernährung. 40 % der Kinder unter vier Jahren hatten Hungerödeme. Bei den Kindern der Seßhaften war die Lage nicht ganz so angespannt; etwa 50 % der Kinder waren akut unterernährt, aber nur 4 % der Kinder unter vier Jahren hatten Hungerödeme (Copans 1975, S. 93).

Im Lager von Tombouctou wurden Ende Juli 1973 4.500 Menschen gezählt, Ende August war ihre Zahl bereits auf 10.000 angeschwollen. Kurz nach der Errichtung des Camps lag die Sterberate zwischen 182 und 365 pro 1.000 Menschen. Diese Rate war auch im Lager Kidal, das Mitte Dezember 1973 2.022 Menschen beherbergte, sehr hoch. Es wird berichtet, daß sich die Fläche des Friedhofs von Kidal zwischen 1972 und 1974 verzehnfachte (Ag Foni 1982, S. 66).

Durchschnittlich lebte im Jahr 1973 die Bevölkerung des Bezirks Gao von weniger als 400 Kalorien pro Tag. In den Lagern betrug der mittlere tägliche Hirseverbrauch eines Erwachsenen 250 g, der eines Kindes 180 g (Copans 1975, S. 85). Die extremen Mangelerscheinungen in der Ernährung offenbarten sich auch in einer starken Zunahme der Mangelkrankheiten. So erhöhte sich in Mali beispielsweise die Zahl der Todesfälle durch Masern von 1971 auf 1972 um das Zehnfache (Ag Foni 1982, S. 9).

Die dürrebedingten Viehverluste waren in Mali hoch (vgl. Tab. 1). Die Zahl der Rinder ging 1970 bis 1974 um ca. 30 % zurück. Der Kamelbestand verringerte sich um knapp 28 %. Der relative Rückgang betrug bei den Ziegen 31 %, bei den Schafen 32 %. Die Kamele waren also vergleichsweise am wenigsten betroffen. Lag der nomadische Anteil des Landes in der Rinderhaltung vor der Dürre bei 63,6 % und in der Schaf- und Ziegenhaltung bei 80,5 %, so verringerte er sich bis 1974 auf unter 50 % bei Rindern und nur noch etwa 40 % bei Schafen und Ziegen.

Die nördlichen, von Nomaden genutzten Weidegebiete waren weit stärker betroffen als die südlichen Landesteile (Barth 1986, S. 273). In Nordmali waren die Verluste verheerend. Die Zahl der Rinder verringerte sich von 1970 bis 1974 von 1,8 Millionen auf 384.000. Das entspricht einem Rückgang von knapp 79 %. Der Norden verfügte vor der Dürre über einen Anteil von 34 % des gesamten Rinderbestandes von Mali; im Jahr 1974 betrug er nur noch 10 %. Bei den seßhaften Feldbauern ging die Zahl der Rinder im Jahr 1972 von 157.560 auf 27.230 im Jahr 1973 zurück, was einem Verlust von 82,7 % entspricht. Die Zahl der Schafe und Ziegen sank von 465.530 auf 225.680 (- 51,5 %), die der Esel von 13.970 auf 8.200 (- 41,3 %) (Barth 1986, S. 274).

Mit am härtesten betroffen war der Bezirk Kidal mit dem Adrar des Iforas (Tabelle 2). Hier erlitten die Rinder von 1971 bis 1973 Verluste von rund 95 %, Schafe und Ziegen 88 %, Kamele 81 %, Esel 73 % und Pferde sogar 96 %. In den Arrondissements Tin-Zaouatène und Tin-Kar dieses Bezirks wurden die Verluste an Rindern sogar auf 100 % geschätzt (Ag Foni 1982, S.87).

Tab. 2: Entwicklung der Viehbestände im Bezirk Kidal

	1968	1971	1973	1974	1975	1976	1977
Rinder	21.850	21.000	1.125	1.630	2.058	2.075	2.681
Schafe/Ziegen	124.000	136.000	15.700	39.093	44.049	51.023	63.890
Esel	9.850	16.000	4.300	3.334	4.911	4.509	5.227
Pferde	89	152	6	16	25	18	5
Kamele	20.319	34.000	6.320	9.748	11.620	11.231	15.866

Quelle: Ag Foni 1982

Durch die Niederschlagsdefizite sank auch der Grundwasserspiegel ab. Viele Brunnen trockneten aus. Im Bezirk Kidal wurden vor der Dürre 230 ganzjährig oder periodisch wasserführende Brunnen und Wasserstellen gezählt, nach 1974 waren es nur noch 150.

Die Flußfischerei auf dem Niger kam fast zum Erliegen, da die Fischbestände nur noch ein Fünftel der früheren Bestände betrugen (Deutsche Welthungerhilfe 1973). Zudem war der Rückgang der Nahrungsmittelproduktion in Nordmali gravierend; beim Hirseanbau kam es zu Totalausfällen, was zusammen mit den Viehverlusten die Hungerkatastrophe auslöste. Durch internationale Nothilfeprogramme wurde versucht, die Hungerkatastrophe zu mildern, jedoch ist nach Schmidt-Wulffen (1985, S. 56) im Norden kaum etwas von den Hilfsgütern angekommen. Zu dieser Misere trugen sowohl die unzureichende verkehrsmäßige Erschließung als auch administrative und politische Verfehlungen bei. Im Jahr 1973, also im Höhepunkt der Katastrophe, wurden monatlich 300 Tonnen Getreide nach Tombouctou und 600 Tonnen Getreide nach Gao eingeflogen.

Ab 1974 kehrte die Bevölkerung zum Großteil in ihre angestammten Gebiete zurück, die Flüchtlingslager wurden aufgelöst. Dennoch war die Abwanderung für einen Teil der Menschen endgültig. So blieb beispielsweise die Mehrzahl der Kel Oulli aus Gourma Rharous in Niamey oder Kano, wohin sie 1973 geflüchtet waren (Gallais 1977, S. 124).

Im Bezirk Kidal belief sich 1971 die Bevölkerung auf 21.525 Personen, 1976 betrug die Einwohnerzahl nur noch 15.926. Der Rückgang durch endgültige Abwanderung oder Tod beträgt rund 26 %. Während von den Nomaden, die nach

Süden geflüchtet waren, die Mehrzahl zurückkehrte, kam von den Flüchtlingen nach Algerien kaum jemand mehr zurück (Ag Foni 1982, S. 65).

Durch entspanntere Niederschlagsverhältnisse hat sich die Lage nach 1974 insgesamt etwas gebessert, die Viehbestände sind stetig angewachsen. Durch die raschere Regenerationsfähigkeit der Schafe und Ziegen kam es zu einer rapiden Zunahme gegenüber den Rindern, deren Zahl wesentlich langsamer anstieg. Die Zahl der Schafe und Ziegen übertraf schon 1978 den Höchststand von 1970, wogegen dies bei den Rindern erst viel später der Fall war (vgl. Tab. 1).

Ab 1983 verschärfte sich die Situation in Mali erneut, am stärksten betroffen war wiederum der Norden des Landes. Erhebliche Niederschlagsdefizite waren der Anlaß. Der Niger hatte in Niamey im Frühjahr 1984 mit einem Durchfluß von 54,6 m^3/s den niedrigsten Stand seit 1906 und unterschritt damit sogar den Wasserstand des Katastrophenjahres 1973 (Meckelein 1984, S. 31). Bei der Nahrungsmittelproduktion und den Viehbeständen waren empfindliche Rückgänge zu verzeichnen. Flüchtlinge aus ebenfalls betroffenen Nachbarländern drangen nach Mali ein. Die Zahl der betroffenen Personen wurde, ohne die schwer schätzbare Zahl der Flüchtlinge, mit 2,5 Millionen angegeben, wovon 1,1 Millionen Kinder unter 15 Jahren und 500.000 Kinder unter 5 Jahren sind (UNESCO 1985, S. 11). Eine erneute Katastrophe schien sich anzubahnen. Diese Tatsache dokumentierte sich auch durch die Entstehung von Flüchtlingslagern um die größeren Orte und Städte. So fanden 1985 rund 35.000 Menschen in Lagern um Tombouctou Zuflucht, wo eine Choleraepedemie im Juni und Juli des Jahres 859 Todesopfer forderte. Die Einwohnerzahl von Gao wurde durch Zuwanderung aus Sahara und Sahel verdoppelt (Internationales Afrikaforum 1986, S. 124).

Die Regenzeit des Jahres 1985 brachte zumindest für einige Teile des Landes üppige Niederschläge, dennoch leiden noch weite Gebiete unter den Folgen der Dürre. Das ökologische Gleichgewicht kann noch nicht als wiederhergestellt angesehen werden (Internationales Afrikaforum 1986, S. 124). Wenngleich in Tombouctou und Gao sowie im Süden des Landes unter Flüchtlingen Unterernährung herrschte, wurde die allgemeine Versorgungssituation als ordentlich bezeichnet (FAO 1985, S. 18). Die interne Verteilung von Nahrungsmittelhilfen war wiederum durch Benzinengpässe und unpassierbare Straßen behindert. Aus diesem Grund wurde Tombouctou von Juni bis September aus der Luft versorgt (FAO 1985, S. 18). Die Versorgung von Gao wurde sogar als gut bezeichnet (Internationales Afrikaforum S. 124).

Durch rechtzeitige und umfassende Hilfe konnte in Mali eine Katastrophe abgewendet werden. Dennoch bleibt es weiterhin wichtig, die Sinne für diese

Problematik zu schärfen, um gefordertenfalls jederzeit erfolgreich Hilfe leisten zu können.

Literatur:

Ag Foni, E.: L'impact socio-économique de la sécheresse dans le cercle de Kidal. - Breme Assoc. Africaine, Sér. F, Vol. 15, Bremen 1982, 153 S.

Barth, H. K.: Mali. Eine geographische Landeskunde. - Darmstadt 1986, 395 S.

Bugnicourt, J. u. a.: Sahel. - UNESCO-Kurier, 16. Jg., Nr. 4, 1975, S. 10-32.

Copans, J. (Hrsg.): Sécheresses et famines du Sahel, Bd. 1. - Paris 1975, 155 S.

Deutsche Welthungerhilfe (Hrsg.): Dürre in Afrika. Eine Dokumentation. - Bonn 1973, o. S.

FAO (Hrsg.): FAO Production Yearbook.
Vol. 26, 1972, Rom 1973, 496 S.
Vol. 31, 1977, Rom 1978, 291 S.
Vol. 36, 1982, Rom 1983, 320 S.

FAO (Hrsg.): Relief and Rehabilitation in Food and Agriculture of African Countries Affected by Calamities in 1983-1985. - Situation Report No. 9, Rom 1985, 147 S.

Gallais (Hrsg.): Strategies pastorales et agricoles des Sahéliens durant la sécheresse 1969-1974. - Travaux et Documents de Geographie Tropicale, No. 30, September 1977, 281 S.

Internationales Afrikaforum, 22. Jg., 2. Quartal 1986, S. 124-125.

Klaus, D.: Ökologische Perspektiven zum Tragfähigkeitsproblem des Sahel. - In: Schiffers, H. (Hrsg.): Nach der Dürre. Die Zukunft des Sahel. Afrika-Studien, Nr. 94, 1976, S. 82-141.

Klaus, D.: Klimatologische und klimaökologische Aspekte der Dürre im Sahel. Erdwiss. Forschung, Bd. 16, Wiesbaden 1981, 175 S.

Meckelein, W.: Durch die Sahara in den Sahel. - Wechselwirkungen: Aus Forschung und Lehre der Universität Stuttgart, Jahrbuch 1984, S. 17-32.

Schmidt-Wulffen, W.: Dürre- und Hungerkatastrophen in Schwarzafrika. Das Fallbeispiel Mali. - Geogr. Zeitschrift, 73. Jg., H. 1, 1985, S. 46-59.

Sheets, H. & Morris, R.: Disaster in the Desert. - Washington 1974, 167 S.

Spengler, A.: Desertifikation in Nordmali. - Wiss. Arbeit zur wiss. Prüfung für das Lehramt an Gymnasien. Stuttgart 1985, 136 S. (unveröffentlicht).

Statistisches Bundesamt (Hrsg.): Länderbericht Mali 1984. - Statistik des Auslands, Wiesbaden 1984, 68 S.

-: Länderbericht Mali 1986. - Statistik des Auslands, Wiesbaden 1986, 82 S.

UNESCO: Trockenheit über Afrika. - UNESCO-Kurier, 26. Jg., Nr. 1, 1985, S. 10-11.

Anschrift des Autors: Andreas Spengler, Geographisches Institut der Universität Stuttgart, Silcherstraße 9, D-7000 Stuttgart 1

Stuttgarter Geographische Studien

Veröffentlichungen des Geographischen Instituts der Universität Stuttgart

Bd. 1–68	1924–1940. Vergriffen
Bd. 69	Herbert Wilhelmy (Herausgeber): *Hermann Lautensach Festschrift.* 418 S., 1957.
Bd. 70	Eberhard Mayer: *Moderne Formen der Agrarkolonisation im sommertrockenen Spanien.* 116 S., 1960. Vergriffen
Bd. 71	Ralph Jätzold: *Aride und humide Jahreszeiten in Nordamerika.* 130 S., 1961. Vergriffen
Bd. 72	Hansjörg Dongus: *Die Apuanische Küstenebene.* 96 S., 1962.
Bd. 73	Wolf-Dieter Sick: *Wirtschaftsgeographie von Ecuador.* 275 S., 1963.
Bd. 74	Arlinde Kröner: *Grindelwald. Die Entwicklung eines Bergbauerndorfes zu einem internationalen Touristenzentrum.* 156 S., 1968.
Bd. 75	Peter Volz: *Das Remstal. Beispiel einer großstadtnahen Kulturlandschaft.* 205 S., 1969. Vergriffen
Bd. 76	Peter Moll: *Das lothringische Kohlenrevier. Eine geographische Untersuchung seiner Struktur, Probleme und Entwicklungstendenzen.* 145 S., 35 Abb., 15 Bilder. 1970. DM 32.–
Bd. 77	Folkwin Geiger: *Die Aridität in Südostspanien. Ursachen und Auswirkungen im Landschaftsbild.* 173 S., 9 Karten, 17 Abb., 19 Bilder. 1970. DM 24.–
Bd. 78	Hans-Peter Mahnke: *Die Hauptstädte und die führenden Städte der USA.* 167 S., 13 Karten, 1 Abb. 1970. DM 15.–
Bd. 79	Roland Hahn: *Jüngere Veränderungen der ländlichen Siedlungen im europäischen Teil der Sowjetunion.* 146 S., 32 Abb. 1970. DM 15.–
Bd. 80	Gerhard Lindauer: *Beiträge zur Erfassung der Verstädterung in ländlichen Räumen. Mit Beispielen aus dem Kochertal.* 247 S., 1970. Vergriffen
Bd. 81	Otto Knödler: *Der Bewässerungsfeldbau in Mittelgriechenland und im Peloponnes.* 141 S., 13 Karten, 5 Abb. 1970. DM 15.–
Bd. 82	Reinhold Grotz: *Entwicklung, Struktur und Dynamik der Industrie im Wirtschaftsraum Stuttgart. Eine industriegeographische Untersuchung.* 196 S., 17 Karten, 7 Abb., 61 Tab. 1971. DM 36.–
Bd. 83	Helga Besler: *Klimaverhältnisse und klimageomorphologische Zonierung der zentralen Namib (Südwestafrika).* 218 S., 4 Karten, 20 Abb., 12 Tab., 16 Diagr. 1972. DM 21.–
Bd. 84	Ulrich Müller/Jochen Neidhardt: *Einkaufsort-Orientierungen, als Kriterium für die Bestimmung von Größenordnung und Struktur kommunaler Funktionsbereiche.* Untersuchungen auf empirisch-statistischer Grundlage in den Gemeinden Reichenbach an der Fils, Baltmannsweiler, Weil der Stadt, Münklingen, Leonberg-Ramtel, Schwaikheim. 161 S., Karten, Abb. 1972. DM 19.–
Bd. 85	Christoph Borcherdt (Herausgeber): *Geographische Untersuchungen in Venezuela.* 270 S., 1973. Vergriffen
Bd. 86	Manfred Thierer: *Die Städte im Württembergischen Allgäu. Eine vergleichende geographische Untersuchung und ein Beitrag zur Typisierung der Kleinstädte.* 248 S., 29 Karten. 3 Abb. 1973. DM 28.–
Bd. 87	Hanno Beck: *Hermann Lautensach – führender Geograph in zwei Epochen. Ein Weg zur Länderkunde.* 45 S., 1974. Vergriffen
Bd. 88	Eberhard Mayer: *Die Balearen. Sozial- und wirtschaftsgeographische Wandlungen eines mediterranen Inselarchipels unter dem Einfluß des Fremdenverkehrs.* 372 S., 30 Karten, 32 Abb., 61 Tab., 16 Bilder. 1976. DM 39.–
Bd. 89	Eckhard Wehmeier: *Die Bewässerungsoase Phoenix/Arizona.* 176 S., 4 Karten, 38 Abb., 7 Bilder. 1975. DM 28.–

Bd. 90 Christoph Borcherdt (Herausgeber): *Beiträge zur Landeskunde Südwestdeutschlands.* 235 S., 20 Karten, 15 Abb., 13 Tab. 1976. DM 29.–

Bd. 91 Wolfgang Meckelein (Herausgeber): *Geographische Untersuchungen am Nordrand der tunesischen Sahara.* Wissenschaftliche Ergebnisse der Arbeitsexkursion 1975 des Geographischen Instituts der Universität Stuttgart. 300 S., 10 Karten, 52 Abb., 16 Tab. 1977. DM 33.–

Bd. 92 Christoph Borcherdt u. a.: *Versorgungsorte und Versorgungsbereiche.* Zentralitätsforschungen in Nordwürttemberg. 300 S., 10 Karten, 29 Abb., 26 Tab. 1977. DM 45.80

Bd. 93 Christoph Borcherdt und Reinhold Grotz (Herausgeber): *Festschrift für Wolfgang Meckelein.* (Beiträge zur Geomorphologie, zur Forschung von Trockengebieten und zur Stadtgeographie) 328 S., 92 Abb., 38 Tab. 1979. DM 68.80

Bd. 94 Omar A. Ghonaim: *Die wirtschaftsgeographische Situation der Oase Siwa (Ägypten).* 224 S., 5 Karten, 2 Fig., 17 Photos, 26 Tab. 1980. DM 42.–

Bd. 95 Wolfgang Meckelein (Editor): *Desertification In Extremely Arid Environments.* (Special Issue on the Occasion of the 24th International Geographical Congress Japan 1980.) 203 p., 53 Fig., 16 Tab. 1980. DM 36.–

Bd. 96 Helga Besler: *Die Dünen-Namib: Entstehung und Dynamik eines Ergs.* 241 S., 17 Karten, 11 Abb., 31 Diagr., 8 Luftbilder, 12 Tab. 1981. DM 83.40

Bd. 97 Reiner Vogg: *Bodenressourcen arider Gebiete.* Untersuchungen zur potentiellen Fruchtbarkeit von Wüstenböden in der mittleren Sahara. 224 S. 1981. Vergriffen

Bd. 98 Reinhold Grotz: *Industrialisierung und Stadtentwicklung im ländlichen Südostaustralien.* 299 S., 17 Karten, 23 Abb., 70 Tab. 1982. DM 83.–

Bd. 99 Heinrich Pachner: *Hüttenviertel und Hochhausquartiere als Typen neuer Siedlungszellen der venezolanischen Stadt.* Sozialgeographische Studien zur Urbanisierung in Lateinamerika als Entwicklungsprozeß von der Marginalität zur Urbanität. 317 S., 8 Karten, 27 Abb., 17 Photos, 23 Tab. 1982. DM 58.50

Bd. 100 Wolfgang Meckelein und Christoph Borcherdt (Herausgeber): *Geographie in Stuttgart.* Aus Geschichte und gegenwärtiger Forschung. (Im Druck)

Bd. 101 Hella Dietsche: *Geschäftszentren in Stuttgart.* Regelhaftigkeiten und Individualität großstädtischer Geschäftszentren. 124 S., 12 Abb., 21 Tab. 1984. DM 32.–

Bd. 102 Detlef May: *Untersuchungen zur geoökologischen Situation der nördlichen Nefzaoua-Oasen (Tunesien).* 223 S., 14 Karten, 14 Fotos, 68 Abb., 53 Tab. 1984. DM 38.–

Bd. 103 Christoph Borcherdt (Herausgeber): *Geographische Untersuchungen in Venezuela (II).* 238 S., 14 Abb., 2 Bilder, 5 Tab. 1985. DM 32.–

Bd. 104 Christoph Borcherdt und Stefan Kuballa: *Der „Landverbrauch" – seine Erfassung und Bewertung,* dargestellt an einem Beispiel aus dem Nordwesten des Stuttgarter Verdichtungsraumes. 196 S., 15 Abb., 2 Karten. 1985. DM 30.–

Bd. 105 Wolfgang Meckelein und Horst Mensching (Editors): *Resource Management in Drylands.* Results of the Pre-Congress Symposium at Stuttgart August 23.–25., 1984, on occasion of the 25th International Geographical Congress 1984. 168 S., 30 Fig., 17 Tab. 1985. DM 24.–

Bd. 106 Reiner Vogg (Herausgeber): *Forschungen in Sahara und Sahel I.* Erste Ergebnisse der Stuttgarter Geowissenschaftlichen Sahara-Expedition 1984. 260 S., 103 Fig., 16 Fotos, 22 Tab. 1987

Geographisches Institut der Universität Stuttgart, D-7000 Stuttgart 1, Silcherstraße 9